Monia Boudaya

Implication du gène CFTR dans la stérilité masculine par ABCD

AF004286

Monia Boudaya

Implication du gène CFTR dans la stérilité masculine par ABCD

Implication du gène CFTR dans la stérilité masculine par agénésie bilatérale des canaux déférents (ABCD)

Presses Académiques Francophones

Impressum / Mentions légales
Bibliografische Information der Deutschen Nationalbibliothek: Die Deutsche Nationalbibliothek verzeichnet diese Publikation in der Deutschen Nationalbibliografie; detaillierte bibliografische Daten sind im Internet über http://dnb.d-nb.de abrufbar.
Alle in diesem Buch genannten Marken und Produktnamen unterliegen warenzeichen-, marken- oder patentrechtlichem Schutz bzw. sind Warenzeichen oder eingetragene Warenzeichen der jeweiligen Inhaber. Die Wiedergabe von Marken, Produktnamen, Gebrauchsnamen, Handelsnamen, Warenbezeichnungen u.s.w. in diesem Werk berechtigt auch ohne besondere Kennzeichnung nicht zu der Annahme, dass solche Namen im Sinne der Warenzeichen- und Markenschutzgesetzgebung als frei zu betrachten wären und daher von jedermann benutzt werden dürften.

Information bibliographique publiée par la Deutsche Nationalbibliothek: La Deutsche Nationalbibliothek inscrit cette publication à la Deutsche Nationalbibliografie; des données bibliographiques détaillées sont disponibles sur internet à l'adresse http://dnb.d-nb.de.
Toutes marques et noms de produits mentionnés dans ce livre demeurent sous la protection des marques, des marques déposées et des brevets, et sont des marques ou des marques déposées de leurs détenteurs respectifs. L'utilisation des marques, noms de produits, noms communs, noms commerciaux, descriptions de produits, etc, même sans qu'ils soient mentionnés de façon particulière dans ce livre ne signifie en aucune façon que ces noms peuvent être utilisés sans restriction à l'égard de la législation pour la protection des marques et des marques déposées et pourraient donc être utilisés par quiconque.

Coverbild / Photo de couverture: www.ingimage.com

Verlag / Editeur:
Presses Académiques Francophones
ist ein Imprint der / est une marque déposée de
OmniScriptum GmbH & Co. KG
Heinrich-Böcking-Str. 6-8, 66121 Saarbrücken, Deutschland / Allemagne
Email: info@presses-academiques.com

Herstellung: siehe letzte Seite /
Impression: voir la dernière page
ISBN: 978-3-8416-3094-0

Copyright / Droit d'auteur © 2015 OmniScriptum GmbH & Co. KG
Alle Rechte vorbehalten. / Tous droits réservés. Saarbrücken 2015

IMPLICATION DU GENE CFTR DANS LA STERILITE MASCULINE PAR AGENESIE BILATERALE DES CANAUX DEFERENTS (ABCD)

Elaboré par : Monia Boudaya

DÉDICACES

A la mémoire de mon père Slimane Boudaya,

A ma très chère mère Bechira Boudaya,

A qui je dois ce que je suis aujourd'hui. Ta générosité, ta patience et ton sens de responsabilité sont pour moi un exemple à suivre. Tu as toujours été près de moi pour me soutenir.

Que ce mémoire soit pour toi le témoignage de ma profonde affection, de mon admiration sans limites et de mon amour éternel. Que dieu préserve ta santé et t'accorde longue vie.

A mes sœurs Karima, Kawther et Salwa qui ont été pour moi un modèle et n'ont cessé de m'encourager, un immense merci pour avoir toujours cru en moi, pour m'avoir protégé des vagues et pour leur amour inconditionnel, mes réussites sont les leurs.

A mon frère Fathi et mes nièces Chahd et Chadha.

A toute ma famille que dieu vous garde et vous protège,

Merci à tous mes amis pour tous les moments agréables, merci d'être toujours là.

✎ Monia

REMERCIEMENTS

Je tiens à exprimer ma profonde reconnaissance à mon encadreur **MESSAOUD Taieb** pour avoir accepté de diriger ce travail ainsi que pour la très grande confiance qu'il m'a accordée tout au long de la réalisation de ce mémoire.

J'exprime également mes sincères remerciements à Mme **HADJ FREDJ Sondess** pour son assistance et son soutien.

Je remercie pareillement mon professeur **AMRI mohamed** pour sa collaboration et son encouragement.

Un profond remerciement est adressé au Pr **ABBES salem** pour l'honneur qu'il me fait en acceptant de bien vouloir évaluer mon travail.

Je tiens aussi à remercier tout le personnel du laboratoire de Biochimie et Biologie Clinique de l'Hôpital d'enfants de Tunis Béchir Hamza.

TABLE DES MATIERES

Dédicaces 2

Remerciements 3

Abréviations 9

Liste des tableaux 8

Liste des figures 9

PARTIE THEORIQUE
Introduction 11
I- Génétique de la mucoviscidose 12
    I-1- Le gène et sa structure 12
    I-2- La protéine CFTR 12
        I-2-1- Structure 12
        I-2-2- Fonction de la protéine 14
    I-3- Les mutations affectant le gène *cftr* 16
        I-3-1- Dans le monde 17
        I-3-2- En Tunisie 18
II- Physiopathologie de la mucoviscidose 19
III- Aspects cliniques de la mucoviscidose 19
    III-1- Manifestations respiratoires 19
    III-2- Manifestations digestives 20
    III-3- Manifestations génitales 21
IV- Agénésie bilatérale des canaux déférents (ABCD) 21
    IV-1- Définition de la stérilité 21
    IV-2- Définition de l'agénésie bilatérale des canaux
        déférents (ABCD) 21
    IV-3- Implication de la mucoviscidose dans l'ABCD 22
V- Diagnostic de l'ABCD 25
    V-1- Diagnostic phénotypique 25
    V-2- Diagnostic génotypique 26
VI- Corrélation génotype-phénotype 28

VII- Traitement **29**

    VII -1- L'injection intracytoplasmique de spermatozoïdes
(ICSI : Intracystoplasmic Sperm Injection) 30

    VII -2- Application de l'injection intracytoplasmique de spermatozoïdes dans l'agénésie bilatérale des canaux déférents 30

PARTIE PRATIQUE

I- Patients **33**

II- Méthodes **33**

    II -1- Extraction de l'ADN par la méthode phénol/chloroforme 33

        II-1-1- Réactifs 34

        II-1-2- Protocole expérimental 34

        II-1-3- Contrôle de l'ADN 35

            II-1-3-1- Contrôle qualitatif 35

            II-1-3-2- Contrôle quantitatif 35

    II -2- Technique d'amplification in vitro par la réaction de polymérisation en chaine (PCR) 36

        II-2-1- Principe 36

        II-2-2- Protocole expérimental 36

            II-2-2-1- Amplification des exons 3, 4, 5, 10, 11, 19, 20 pour analyses par DGGE 36

            II-2-2-2- Amplification des exons 6a, 10, 17b, 21, 22 pour analyses par dHPLC 38

            II-2-2-3- Amplification de l'intron 8/exon 9 pour séquençage direct 39

        II-2-3- Contrôle de la PCR sur gel d'agarose 39

            II-2-3-1- Préparation d'un gel d'agarose 40

            II-2-3-2- Contrôle sur gel 40

    II -3- Technique d'électrophorèse sur gel en gradient dénaturant (DGGE) ..40

        II-3-1- Principe 40

        II-3-2- Réactifs 41

        II-3-3- Protocole expérimental 41

  II-3-4- Révélation du gel 43

II -4- Technique de chromatographie liquide haute performance en conditions dénaturantes (dHPLC) 43

  II-4-1- Principe 43

  II-4-2- Courbe de fusion 45

  II-4-3- Modélisation des fragments 45

  II-4-4- Etapes de l'analyse dHPLC 46

II -5- Le séquençage direct 48

  II-5-1- Principe 48

  II-5-2- Protocole expérimental 49

    II-5-2-1- Purification des produits amplifiés 49

    II-5-2-2- Réaction de séquençage 50

    II-5-2-3- Purification du produit de séquençage............50

    II-5-2-4- Electrophorèse capillaire sur le

      séquenceur automatique ABI Prism310 51

RESULTATS ET DISCUSSIONS

I- Etude des mutations spécifiques aux ABCD 53

  I -1- Recherche de la mutation F508del 53

  I -2- Etude des exons 3, 4, 10,19, 21 et 22 54

  I -3- Etude de l'exon 5...55

  I -4- Etude de l'exon 11...57

  I -5- Etude de l'exon 17b 58

  I -6- Etude de l'exon 20...59

II- Etude des polymorphismes V201M, M470V et (TG)m IVS8-T 61

  II -1- Exploration de l'exon 6a à la recherche du polymorphisme V201M ..61

  II -2- Exploration de l'exon 10 à la recherche du polymorphisme M470V ...62

  II -3- Exploration de la région intron 8/exon 9 à la recherche du polymorphisme $(TG)_m$ IVS8-T 63

Conclusion..69

Annexes..71

Références..74

ABREVIATIONS

A	:	Adénine
ABCD	:	Agénésie Bilatérale des Canaux Déférents
ACN	:	Acétonitrile
BET	:	Bromure d'Ethidium
C	:	Cytosine
CFTR	:	Cystic Fibrosis Transmembrane Conductance Regulator
Cl	:	Chlorure
dNTP	:	désoxy Nucléotide Triphosphate
ddNTP	:	didésoxy Nucléotide Triphosphate
DGGE	:	Denaturing Gradient Gel Electrophoresis
dHPLC	:	Denaturing High Performance Liquid Chromatography
DO	:	Densité Optique
EDTA	:	Ethylène Diamine TétraAcétique
F	:	Phénylalanine
G	:	Guanine
GR	:	Globule Rouge
HCG	:	Hormone Gonadotrophine Chorionique
ICSI	:	Injection Intra-Cytoplasmique des spermatozoïdes
PK	:	Protéinase K
PS-DVB	:	Polystyrène Divinyl Benzène
SDS	:	Sodium Dodecyl Sulfate
TE	:	Tris EDTA
TBE	:	Tris Borate EDTA
TAE	:	Tris Acétate EDTA
TEAA	:	TriEthylAmmonium Acétate

LISTE DES TABLEAUX

Tableau I	Les mutations les plus fréquentes dans les populations caucasiennes
Tableau II	Les mutations du gène *cftr* dans la population Tunisienne
Tableau III	Les mutations et les polymorphismes du gène *cftr* impliqués dans l'agénésie bilatérale des canaux déférents.
Tableau IV	Les concentrations des gels pour les exons étudiés
Tableau V	Les conditions d'analyse par DGGE des différents exons
Tableau VI	Les différentes températures des exons étudiés
Tableau VII	Les mutations identifiées dans notre série
Tableau VIII	Les différents génotypes identifiés du polymorphisme M470V

LISTE DES FIGURES

Figure 1 : Structure du gène *cftr*.

Figure 2 : Structure du gène et de la protéine.

Figure 3 : Les différentes fonctions de la protéine CFTR.

Figure 4 : Les différentes classes des mutations mucoviscidosiques.

Figure 5 : Scanners thoraciques.

Figure 6 : **A** – Vue ventrale de l'appareil génital masculin fœtal après la descente testiculaire.

B – Agénésie épididymodéferentielle.

Figure 7 : La séquence Poly T au niveau de l'intron 8.

Figure 8 : L'effet des allèles particuliers dans la fonctionnalité du CFTR.

Figure 9 : **A** – Echographie des Organes génitaux chez un sujet normal.

B – Echographie des Organes génitaux chez un sujet ABCD.

Figure 10 : Le spectre de phénotype associé au gène *cftr*.

Figure 11 : Courbe de fusion de l'exon 21.

Figure 12 : Courbe des températures de dénaturation des différents domaines de l'exon 21.

Figure 13 : Principe du séquençage selon la méthode de Sanger.

Figure 14 : Chromatogramme de la mutation F508del au niveau de l'exon 10.

Figure 15 : Profil de DGGE (20% → 70%) de l'exon 4.

Figure 16 : Profil de DGGE (20% → 70%) de l'exon 19.

Figure 17 : Profil de DGGE de la mutation (711+1G → T).

Figure 18 : Profil de séquençage de la mutation (711+1G → T/Nl) (brin direct).

Figure 19 : Profil du DGGE de la mutation G542X.

Figure 20 : Profil de séquençage de la mutation G542X à l'état hétérozygote (brin reverse).

Figure 21 :	Chromatogramme de la mutation E1104X au niveau de l'exon 17b.
Figure 22 :	Profil de séquençage de la mutation E1104X à l'état hétérozygote (brin direct).
Figure 23 :	Profil de la mutation W1282X par DGGE.
Figure 24 :	Profil de séquençage de la mutation (W1282X/Nl) (brin direct).
Figure 25 :	Profil de la mutation D1270N par DGGE.
Figure 26 :	Profil de séquençage de la mutation D1270N à l'état hétérozygote (brin direct).
Figure 27 :	Profil du chromatogramme DHPLC à la température 60°C du polymorphisme V201M au niveau de l'exon 6a.
Figure 28 :	Profil du polymorphisme M470V par DGGE.
Figure 29 :	Profil de séquençage du polymorphisme M470V à l'état homozygote (brin direct).
Figure 30 :	Profil de séquençage d'un individu hétérozygote (TG_{10} 7T/TG_{11} 5T) au niveau de la jonction intron 8 / exon 9 (brin direct).
Figure 31 :	Profil de séquençage d'un individu hétérozygote (TG_{11} 9T/TG_{11} 7T) au niveau de la jonction intron 8 / exon 9 (brin direct).
Figure 32 :	Profil de séquençage d'un individu homozygote (TG_{11} 7T/TG_{11} 7T) au niveau de la jonction intron 8 / exon 9 (brin direct).

Introduction

La mucoviscidose encore appelée fibrose kystique du pancréas (cystic fibrosis,CF), est la plus fréquente des maladies autosomiques récessives graves de la population caucasienne (Girodon E. et al.1997). Elle touche environ 1/2500 nouveau-nés en Europe, ce qui fait estimer la fréquence des hétérozygotes, porteurs sains de la maladie à 1/25.

Dans sa forme typique, il s'agit d'une maladie pédiatrique associant une atteinte pulmonaire et des troubles digestifs cependant elle est caractérisée par une variabilité de l'expression de la maladie selon l'âge de révélation, les circonstances du diagnostic et la sévérité de l'atteinte.

En Tunisie, la mucoviscidose a été découverte en 1990, suite à l'analyse du test de la sueur sur 5571 enfants suspects de mucoviscidose. (Messaoud T. et al.1996).

Depuis le clonage du gène *cftr* (Cystic Fibrosis Transmembrane Regulator) en 1989, environ 1700 anomalies causales ont été décrites. La caractérisation de ce gène a également permis de rattacher à la mucoviscidose certains syndromes chez l'adulte, telle une forme de stérilité masculine par agénésie bilatérale des canaux déférents (ABCD).

Les malformations des organes génitaux internes (OGI) sont rares (estimé à 2% des stérilités d'origine masculine). En revanche, leur retentissement sur l'infertilité est fréquent. La stérilité concerne environ 15% des couples dans les pays industrialisés.

Dans 55 à 60% des cas, il existe un facteur masculin isolé ou associé à un facteur féminin. Elle est dans la grande majorité des cas dû à une azoospermie obstructive (ou une oligospermie sévère), avec un volume d'éjaculat faible et une concentration de fructose effondrée.

Parmi les causes d'infertilité liées aux anomalies des organes génitaux internes une entité domine : l'absence des canaux déférents (ABCD) qui est fréquente chez les hommes atteints de mucoviscidose (95%) (Fontaine E. et al. 2001). Pourtant comparé à la clinique des sujets mucoviscidosiques, les sujets agénésiques ne présentent aucun signe évocateur de la mucoviscidose.

L'absence ou l'atrésie bilatérale des canaux déférents (ABCD) est une affection congénitale et héréditaire de transmission récessive. Elle représente 2 à 6% des causes d'infertilité masculine et 9 à 25% des azoospermies obstructives (Radpour R. et al.2006) (Yahia M., Naimi D. 2005).

La recherche systématique des mutations du gène *cftr* est actuellement l'attitude à adopter devant les cas d'agénésie bilatérale des canaux déférents. Dans le présent travail, nous nous sommes intéressés à l'étude des mutations et des polymorphismes du gène *cftr* prédominants en Tunisie associés à l'agénésie bilatérale des canaux déférents chez une population tunisienne et ceci par différentes techniques de biologie moléculaire comme la DHPLC (Denaturing High Performance Liquid Chromatography), la DGGE (Denaturing Gradient Gel Electrophoresis), ainsi que le séquençage direct de l'ADN.

I –Génétique de la mucoviscidose

I -1-Le gène *cftr* et sa structure

Le gène de la mucoviscidose a été caractérisé en 1989, selon une démarche de clonage positionnel, par les équipes nord-américaines de Lap-Chee Tsui et Francis S. Collins [5]. Ce grand gène, situé sur le bras long du chromosome 7 (7q31-3) (Radpour R. et al. 2006), s'étend sur près de 250kb d'acide désoxyribonucléique (ADN) et comprend 27 exons numérotés de 1 à 24 en dédoublant l'exon 6 (6a, 6b), l'exon 14 (14a, 14b) et l'exon 17 (17a, 17b) **(Figure 1)**. Il code pour une protéine transmembranaire de 1480 acides aminés appelée cystic fibrosis transmembrane conductance regulator (CFTR) (Messaoud T. et al. 1996).

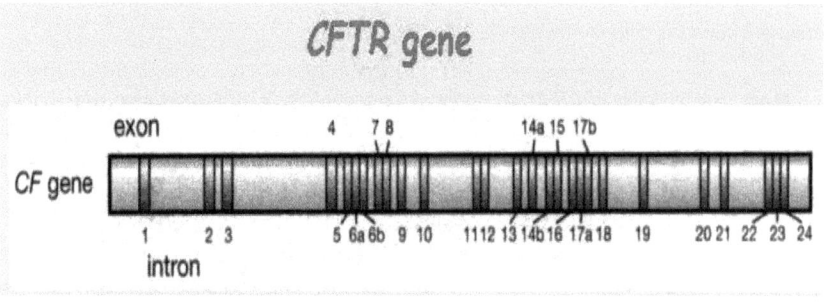

Figure 1 : Structure du gène *cftr* (Radpour R. et al.2008)

I -2-La protéine CFTR

I -2-1-Structure

La protéine CFTR est formée de deux parties comprenant chacune un domaine transmembranaire et un domaine de fixation de l'adénosine triphosphate (ATP), le domaine NBF *(nucleotide binding fold)*, et qui sont reliées entre elles par un domaine central unique intracellulaire, appelé R pour régulateur **(Figure 2)**. De par sa structure, la protéine CFTR rejoint la famille des protéines ABC *(ATP-binding cassette)* qui sont des transporteurs membranaires liant l'ATP au niveau de domaines NBF très conservés entre eux et entre les espèces, et capables, pour certaines, de transporter des substances organiques. Cette structure a donc fait évoquer un rôle potentiellement régulateur de canaux ioniques plutôt qu'un canal ionique même.

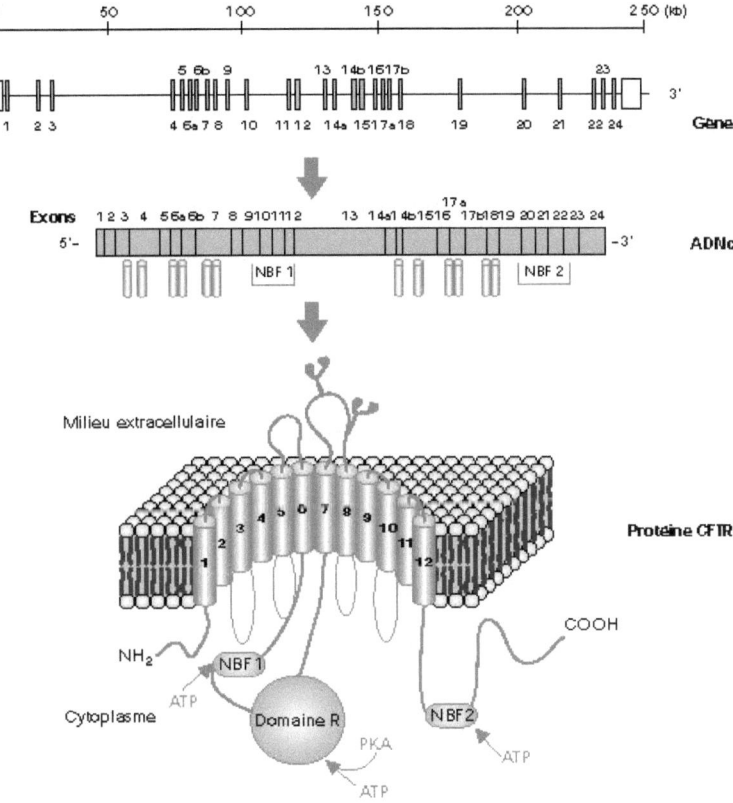

Figure 2 : Structure du gène et de la protéine.

Gène : les rectangles bleus indiquent les exons, les blancs indiquent les séquences transcrites mais non traduites. ADNc (ADN complémentaire) : les cylindres représentent les séquences codant les domaines transmembranaires de la protéine. NBF1 et 2 : nucleotide binding fold (domaine de liaison à l'adénosine triphosphate-ATP). PKA : phosphokinase A. (Girodon E. et al. 1997).

I -2-2-Fonction de la protéine

❖ Canal chlorure (Cl⁻)

La protéine CFTR a manifestement plusieurs fonctions. Avant tout, il s'agit d'un canal Cl⁻ qui fait sortir les ions Cl⁻ de la cellule épithéliale (Bear C.E. et al. 1992). La fixation de l'ATP sur le premier domaine NBF entraîne la phosphorylation du domaine R par les protéines kinases A et C au niveau de résidus sérine, ce qui changerait la conformation de la protéine et permettrait l'ouverture du canal (Picciotto M.R. et al.1992) (Rich D.P. et al. 1993). La fixation d'une deuxième molécule d'ATP au niveau du domaine NBF2 prolongerait le temps d'ouverture du canal qui se fermerait lorsque l'ATP est hydrolysé en adénosine diphosphate (ADP) (Hwang T.C. et al.1994). Ce canal étant défectueux dans la mucoviscidose, la rétention dans la cellule des ions Cl⁻ empêche la sortie passive d'eau et entraîne donc une déshydratation des sécrétions et du mucus. Cette déshydratation est en grande partie responsable des phénomènes obstructifs des différents organes cibles et d'une diminution de la clairance mucociliaire dans l'arbre trachéo-bronchique. Au niveau des glandes sudoripares, l'orientation des flux d'ions est inversée, ce qui explique la concentration élevée d'ions Cl⁻ dans la sueur des malades (Quinton P. 1990).

❖ Autres fonctions

Plus récemment, il a été démontré que la protéine CFTR régule le fonctionnement d'autres canaux ioniques de la cellule épithéliale **(Figure 3)**. En particulier, elle active celui d'un canal Cl rectifiant sortant (ORCC pour outwardly rectifying chloride channel) qui était supposé, avant le clonage du gène *cftr*, être le produit défectueux dans la mucoviscidose. L'activation de la protéine CFTR est associée à une sortie d'ATP de la cellule qui va se fixer à un récepteur purinergique. Celui-ci va, à son tour, activé, par l'intermédiaire d'une protéine G, l'ouverture du canal ORCC et l'efflux d'ions Cl⁻ (Schwiebert E.M. et al. 1995). L'activité du canal sodique sensible ENaC, responsable d'une absorption par la cellule épithéliale d'ions sodium, est également contrôlée par la protéine CFTR, mais de façon négative. Dans la mucoviscidose, l'inhibition de l'absorption est levée, ce qui doit participer à la déshydratation du mucus. Le mécanisme de régulation du canal ENaC par la protéine CFTR pourrait impliquer des protéines du cytosquelette (Stutts M.J. et al. 1995) ou bien faire intervenir une interaction directe entre les deux protéines (Ismailov I.I. et al. 1996). Cette régulation serait indépendante de l'état d'activation de CFTR.

La protéine CFTR intervient également dans le recyclage des membranes en favorisant les phénomènes d'exocytose et en inhibant ceux d'endocytose (Bradbury N.A et al.1992). L'absence de protéine CFTR normale pourrait ainsi être associée à une diminution de l'expression membranaire d'autres canaux.

Elle régule le pH intracellulaire et acidifie les compartiments intracellulaires (Barasch J. et al. 1991). Son dysfonctionnement a pour conséquence de modifier les sécrétions cellulaires et d'augmenter la viscosité du mucus.

La protéine CFTR régule également la sécrétion des mucines. Chez le malade, il existe une hypersécrétion de mucines non contrôlables par les agonistes betas -adrénergiques (Merten M.D., Figarella C. 1993), à laquelle participe le bacille pyocyanique (Li J.D. et al. 1996). Il a été récemment postulé que la protéine CFTR elle-même constituerait un récepteur pour le lipopolysaccharide de cet agent infectieux (Pier G.B. 1996).

Enfin, le rôle joué par la protéine CFTR dans la réaction inflammatoire, qui semble survenir de façon très précoce, est encore inconnu.

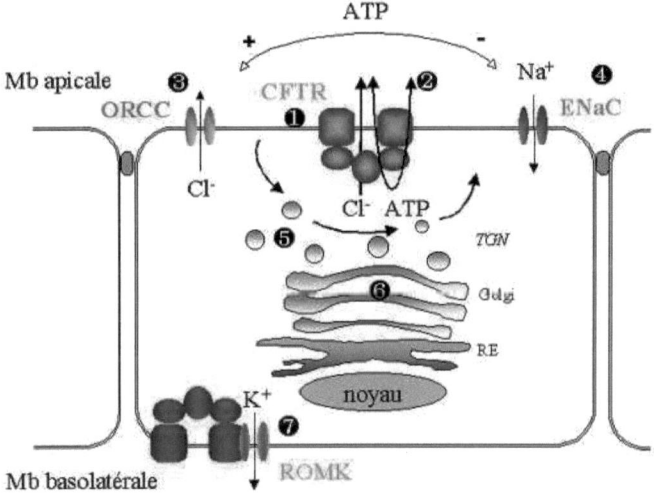

Figure 3 : Les différentes fonctions de la protéine CFTR, (Schwiebert E.M. et al. 1999).

1   Activation de la protéine CFTR.
2   Avant tout, il s'agit d'un canal Cl$^-$ qui fait sortir les ions Cl$^-$ de la cellule épithéliale.
3   Active celui d'un canal Cl- rectifiant sortant ORCC pour (outwardly rectifying chloride channel)
4   L'activité du canal sodique sensible ENaC, responsable d'une absorption par la cellule épithéliale d'ions sodium, est également contrôlée par la protéine CFTR.
5 et 6 La protéine CFTR intervient également dans le recyclage des membranes en favorisant les phénomènes d'exocytose et en inhibant ceux d'endocytose.
7   La protéine CFTR active un canal qui fait sortir les ions potassium (K$^+$) appelé le canal ROMK.

I -3- Les mutations affectant le gène *cftr*

Les différentes mutations du gène *cftr* sont divisées en 6 classes : **(Figure 4)**

Les mutations de classe 1

Elles entraînent un défaut de synthèse de la protéine CFTR. Il s'agit de mutations non-sens et de micro-insertions ou micro-délétions qui entraînent un décalage de lecture et introduisent un codon stop prématuré, altérant la production de protéine CFTR.

Les mutations de classe 2

Elles affectent le processus de maturation cellulaire de la protéine et l'adressage de la protéine à la membrane apicale. Comme la mutation F508del.

Les mutations de classe 3

Elles sont principalement des faux-sens qui altèrent les sites de fixation de l'ATP et la régulation du canal.

Les mutations de classe 4

Elles sont souvent localisées dans les exons qui codent pour les domaines transmembranaires de la protéine CFTR, entraînent une altération de la conduction ionique.

Les mutations de classe 5

Elles diminuent le taux de transcrits CFTR codant pour des protéines fonctionnelles. Cette classe comprend des substitutions nucléotidiques, des délétions ou insertions qui affectent l'épissage du gène *cftr* en altérant les sites consensus donneurs et accepteurs d'épissage, les sites de branchement ou en créant des sites cryptiques d'épissage.

Les mutations de classe 6

Elles comprennent les mutations qui entraînent soit une diminution de la stabilité de la protéine, soit une altération de la régulation des canaux rectifiants sortants (ORCC : outwardly rectifying chloride channel) et/ou du canal sodium épithélial sensible à l'amiloride (ENaC : epithelial Na+ channel).

Les mutations de classe 4 et 5, compatibles avec une fonction CFTR résiduelle constituent l'essentiel des mutations modérées par contre les autres types de mutations sont les plus sévères et qui peuvent conduire parfois à des conséquences non souhaitées chez les mucoviscidosiques telles que l'aggravation de la maladie ou même la mort.

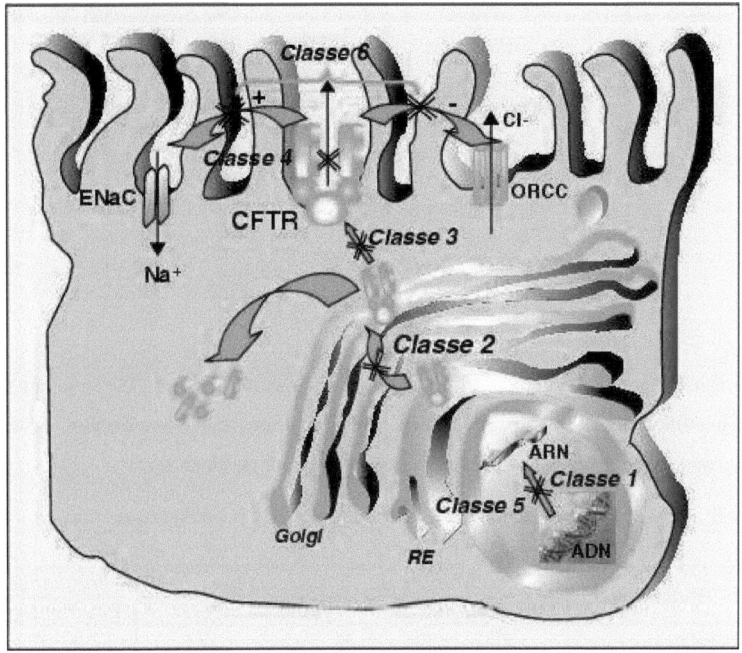

Figure 4 : Les différentes classes des mutations mucoviscidosiques
(Romey M.C. 2006)

I -3-1- Dans le monde

A nos jours plus de 1700 mutations du gène *cftr* causant la mucoviscidose on été identifiées et répertoriées dans le consortium international de la mucoviscidose (cystic Fibrosis mutation database). Les mutations les plus fréquentes dans la population caucasienne sont représentées dans le tableau 1 **(Tableau I)**.

Tableau I : Les mutations les plus fréquentes dans les populations caucasiennes.
(Cystic Fibrosis mutations database)

Nom de la mutation	Fréquence
F508del	66%
G542X	2,4%
G551D	1,6%
N1303K	1,3%
W1282X	1,2%
R551X	0,7%
621+1G	0,7%
1717-1G	0,6%
R117H	0,3%
R1162X	0,33%

I -3-2- En Tunisie

D'après une étude effectuée sur 390 enfants appartenant à 383 familles non apparentées et visant à identifier et estimer les fréquences des mutations mucoviscidosiques au sein de la population tunisienne, 17 mutations ont été mises en évidence **(tableau II)**.

Tableau II : Les mutations du gène *cftr* dans la population Tunisienne.
(Messaoud T. et al. 2005).

| Mutations | Nombre de chromosomes | | | Fréquence |
	Homozygote	Hétérozygote	Total	Pourcentage
F508del	230	44	274	50,74
G542X	34	9	43	7,96
W1282X	32	4	36	6,66
N1303K	20	12	32	5,92
711+ 1G→T	20	3	23	4,25
2766del 8	4	6	10	1,85
E1104X	4	5	9	1,66
G85E	4	2	6	1,11
R74W		2	2	0,37
D1270N		2	2	0,37
Y 122X		1	1	0,18
T665 S		1	1	0,18
R1066C		1	1	0,18
I 148T		1	1	0,18
F1166C		1	1	0,18
L1043R		1	1	0,18
V201M		1	1	0,18
Non déterminée			96	17,77

II-Physiopathologie de la mucoviscidose

La mucoviscidose est une pathologie qui affecte le tissu épithélial des glandes exocrines de l'organisme. Elle est très polymorphe tant entre les différentes familles qu'au sein d'une même famille. Elle peut se manifester dès la naissance ou au contraire être asymptomatique pour n'apparaitre que plus tard dans la vie.

Dans sa forme complète la mucoviscidose touche principalement l'appareil respiratoire, le tube digestif et ses annexes (pancréas, foie et voies biliaires) mais également le tractus génital, et ceci est du à une altération du mucus des glandes exocrines de ces différents tissus.

Il existe au cours de la mucoviscidose une imperméabilité ou une faible perméabilité aux ions chlores, associée à une absorption accrue des ions sodium à travers la membrane apicale. La répartition d'expression de CFTR explique la multiplicité des conséquences (De Blic J. et al. 2001).

- Au niveau respiratoire, déshydratation du mucus bronchique et anomalies rhéologiques des sécrétions altèrent la clairance mucociliaire, favorisent les infections bronchectasies.
- Au niveau pancréatique, l'obstruction des canaux pancréatiques par les sécrétions visqueuses est responsable d'une insuffisance pancréatique externe.
- Au niveau biliaire, l'obstruction favorise la survenue de lithiase et de cirrhose biliaire.
- Au niveau du tube digestif, le mucus épais peut être à l'origine d'une occlusion néonatale.
- L'obstruction des canaux déférents entraine une stérilité par azoospermie.
- Enfin, au niveau des glandes sudoripares, l'altération de la réabsorption du chlorure par l'épithélium des canaux excréteurs induit une concentration anormale de la sueur en chlore, base de test diagnostique.

L'effet primaire d'un génotype donné peut être considérablement modulable par des facteurs génétiques secondaires ou par l'environnement (Storni V. et al. 2001).

III- Aspects cliniques de la mucoviscidose

III-1-Manifestations respiratoires

L'atteinte respiratoire conditionne le pronostic de la maladie. Elle est responsable de 90%des décès des patients. Elle résulte directement ou indirectement de la perte des fonctions connues ou non de la protéine CFTR au niveau des cellules épithéliales du tractus respiratoire. Les anomalies de transport ionique en sont les conséquences les plus visibles. La modification de composition et de la rhéologie des sécrétions qui en résulte s'associe à une inflammation bronchique précoce et peut être constitutive. Ceci induit une bronchopathie chronique obstructive, à l'origine de dilatations des bronches, d'un emphysème avec destruction du parenchyme **(Figure 5)**, et finalement d'une insuffisance respiratoire chronique et mortelle (Sermet-Goudelus I. et al. 2002). Les symptômes associent une toux avec expectoration, des bronchites répétées.

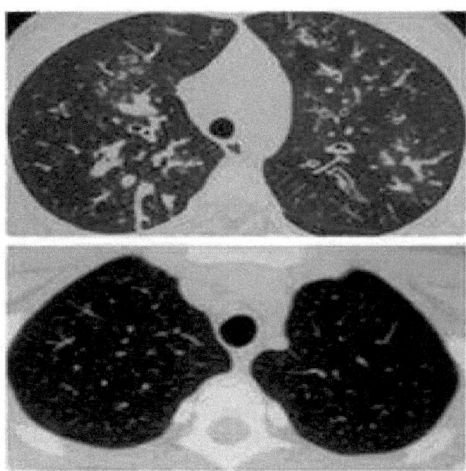

Figure 5 : Scanners thoraciques
En haut, mucoviscidose (bronches dilatées, plus ou moins obstruées par les sécrétions (anneaux et tâches blanches); à comparer avec un scanner normal
En bas où ne sont visibles que quelques ombres vasculaire (Messaoud T. et al. 2005)

III -2-Manifestations digestives

Elle est liée à l'accumulation dans la lumière des canaux pancréatiques du matériel éosinophile et à la constitution de bouchons obstructifs (Sermet-Goudelus I. et al. 2002).

L'insuffisance pancréatique externe est quasi constante (plus de 85% des patients), généralement précoce. Elle est responsable d'une stéatorrhée (c'est-à-dire l'émission de selles anormalement graisseux) et se traduit par une alternance de constipation et de diarrhée chronique (selles fréquentes), une distension et des douleurs abdominales. La carence en acide gras essentiels et en vitamines liposolubles (ADEK) est la conséquence de l'insuffisance pancréatique.

Chez le nouveau-né, l'iléus méconial révèle la mucoviscidose dans 10 à 15% des cas.

Le prolapsus rectal chez le nourrisson doit faire systématiquement évoquer le diagnostic.

Le syndrome d'occlusion intestinale distale est une forme mineure d'iléus méconial. Il est lié à l'obstruction partielle ou complète de l'intestin et se traduit par des douleurs abdominales répétées avec distension, constipation et anorexie.

Un reflux gastro-œsophagien est observé chez environ un tier des malades, il est lié aux anoalies de motricité du tube digestif, à la bronchopathie et à la dénutrition (De Blic J. et al. 2001).

III -3-Manifestations génitales

Les manifestations génitales de la mucoviscidose se caractérisent chez la femme par une hypofertilité et chez l'homme par une stérilité et ceci dans 95% des cas (Fontaine E. et al. 2001). Celle-ci est traduite par une atrésie ou une absence des canaux déférents, des vésicules séminales, du corps et de la queue de l'épididyme, responsable d'une azoospermie ou oligospermie sévère, ainsi qu'une composition modifiée du sperme (De Blic J. et al. 2001).

IV- Agénésie bilatérale des canaux déférents (ABCD)

IV-1- Définition de la stérilité

L'infertilité est définie par l'incapacité pour un couple sexuellement actif et n'utilisant pas de contraception d'obtenir une grossesse sur une année. Environ 15% des couples ne parviennent pas à débuter une grossesse avant un an de rapports non protégés. Un facteur masculin, presque toujours marqué par des anomalies du spermogramme, est à lui seul responsable d'environ 20% des infertilités de couple et contribue à l'infertilité dans 30 à 40%des couples (Huyghe E. et al. 2007). Cette infertilité est essentiellement due à une absence (ou agénésie) congénitale des canaux déférents (ABCD) qui est rencontré chez la très grande majorité des hommes stériles par une azoospermie obstructive (Desideri-Vaillant C. et al. 2004).

IV-2- Définition de l'agénésie bilatérale des canaux déférents ABCD

L'absence bilatérale congénitale des canaux déférents est due à une régression bilatérale du canal mésonéphrotique, elle est observée chez un homme adulte sur 1000 après autopsie testiculaire. C'est une affection congénitale et héréditaire, elle représente 1 à 2% des causes d'infertilité masculine et 9 à 25% des azoospermies obstructives (Yahia M. et Naimi D. 2005) **(Figure 6)**.

A :

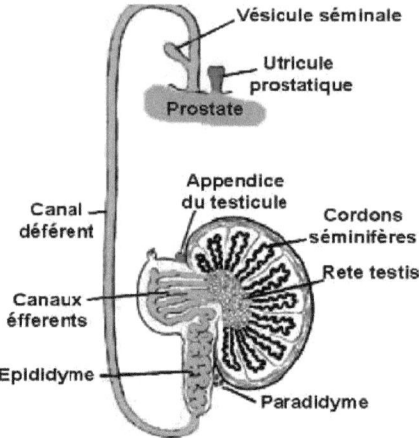

B :

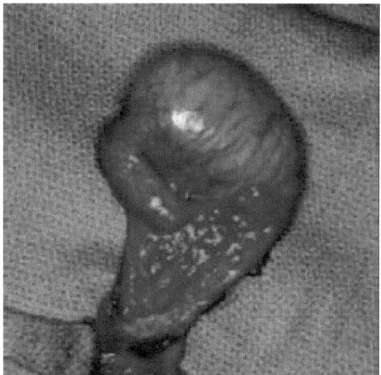

Figure 6 :   **(A) :**   Vue ventrale de l'appareil génital masculin fœtal après la descente testiculaire. (Mark M. 2007)

            (B) :   Agénésie épididymodéferentielle (Jaidane M.)

IV-3-Implication de la mucoviscidose dans l'ABCD

De nombreuses recherches et études des mécanismes moléculaires en cause dans cette affection ont confirmé que l'ABCD est une conséquence d'anomalies du gène *cftr*. Aujourd'hui, les résultats de l'analyse détaillée du gène *cftr* chez un très grand nombre de patients agénésiques montrent que la base génétique de l'ABCD est très complexe.

En plus des mutations, il y a plus que 120 sites polymorphes situés au niveau du gène *cftr*. Une analyse fine de ce gène a montré l'existence d'une séquence polypyrimidique au niveau de la Jonction Intron 8 – Exon 9 qui est constitué selon les cas de 5-7 ou 9 thymidine (5T, 7T ou 9T). Cette séquence est appelée IVS8-Tn. Chez les ABCD, le variant IVS8-5T est le plus fréquent car il représente entre 12,8% et 43,7% des patients agénésiques (Viel M. et al. 2004) **(Figure 7)**.

La grande fréquence des mutations du gène *cftr*, conférant un phénotype modéré est le polymorphisme 5T se trouvant associé à un deuxième polymorphisme le $(TG)_m$ (m compris 9 et 13) précédant la séquence poly T et chez les ABCD, le 5T/TG12 est le plus répandu (Trezise A.E.O. et al. 1993) (Radpour R. et al. 2007) **(Figure 8)**.

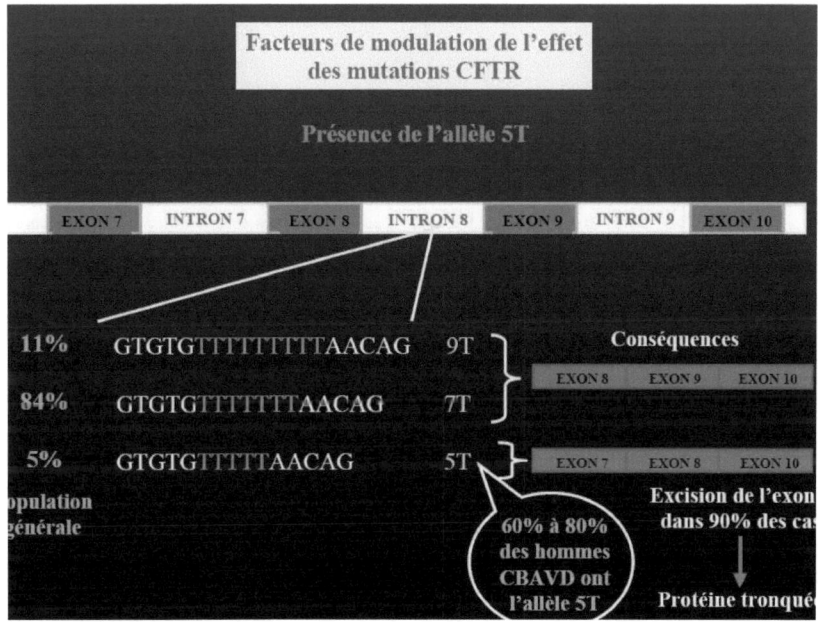

Figure 7 : La séquence PolyT au niveau de l'intron 8 (Siffroi J.P. 2005)

Récemment, une nouvelle description d'une séquence poly T a été identifiée comportant 6T/TG13 ce qui a soupçonné une présence spécifique de ce polymorphisme chez les ABCD (Rohlfs EM. et al.2002).

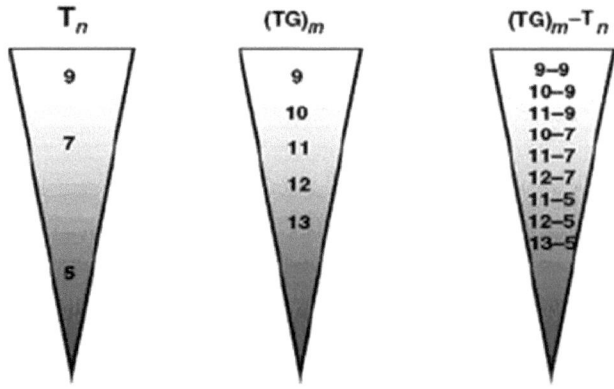

Figure 8 : L'effet des allèles particuliers dans la fonctionnalité du CFTR
(Radpour R. et al. 2007).

A coté de polymorphisme $(TG)_m T_n$, des études récentes ont montré l'implication de 2 polymorphismes V201M et M470V situés respectivement au niveau des exons 6a et 10 qui ont une grande influence sur le gène *cftr* et par la suite sur les ABCD (Radpour R. et al. 2006).

Dans le tableau ci-dessous **(Tableau III)**, nous avons regroupé les mutations et les polymorphismes du gène *cftr* qui sont impliqués dans l'agénésie bilatérale des canaux déférents.

Tableau III : Les mutations et les polymorphismes du gène *cftr* impliqués dans l'agénésie bilatérale des canaux déférents (Desideri-Vaillant C. et al. 2004).

Nom	Changement de nucléotide	Exon	Conséquence
R117H	G en A à la position 482	4	Arg→His à la position 117
G542X	G en T à la position 1756	11	Gly→STOP
G551D	G en A à la position 1784	11	Gly→Asp à la position 551
D1152H	G en C à la position 3586	18	Asp→His à la position 1152
N1303K	C en G à la position 4041	21	Asn→Lys à la position 1303
G85E	G en A à la position 386	3	Gly→Glu à la position 85
W1282X	G en A à la position 3978	20	Trp→STOP
A1364V	C en T à la position 4223	22	Ala→Val à la position 1364
F508del	Délétion de 3 pb entre 1652 et 1655	10	Délétion de Phe à la position 508
F508S	T en C à la position 1655	10	Phe→Ser à la position 508

F508C	T en G à la position 1655	10	Phe→Cys à la position 508
S1235R	T en G à la position 3837	19	Ser→Arg à la position 1235
G628R (G→C)	G en C à la position 2014	13	Gly→Arg à la position 628
G628R (G→A)	G en A à la position 2014	13	Gly→Arg à la position 628
R347H	G en A à la position 1172	7	Arg→His à la position 347
R1162X	C en T à la position 3616	19	Arg→STOP à la position 1162
R334W	C en T à la position 1132	7	Arg→Trp à la position 334
R553X	C en T à la position 1789	11	Arg→STOP à la position 553
V201M	G en A à la position 733	6a	Val→Met à la position 4002
M470V	A en G à la position 1540	10	Variation de séquence
D1270N	G en A à la position 3940	20	Asp→Asn à la position 1270
R74W	C en T à la position 352	3	Arg→Trp à la position 74

V- Moyens de détection et diagnostic de l'ABCD

V-1- Diagnostic phénotypique

Le diagnostic est clinique. La palpation du cordon spermatique, systématique dans le bilan de stérilité, ne retrouve pas la consistance dure, élastique du canal déférent qui est facilement retrouvé chez l'adulte. Les testicules sont normaux, la tête de l'épididyme est dilatée, le corps et la queue de l'épididyme sont fréquemment absents.

En dépit de la simplicité de l'examen clinique, le diagnostic est souvent tardé. Weiske rapporte un délai de diagnostic moyen de 4,3 ans, bien que les patients aient été consultés par des médecins spécialistes.

Lorsque la présence ou l'absence des canaux déférents est difficile à déterminer, l'échographie endorectale contribue au diagnostic par absence des ampoules déférentielles. (**Figure 9**) L'absence de visibilité de la vésicule séminale est également en faveur du diagnostic d'ABCD (45%). Mais une vésicule séminale atrophique, présente ou dilatée n'exclut pas le diagnostic. Une agénésie rénale est présente dans 20% des cas.

Le profil spermiologique associe une azoospermie à volume inférieur à 2ml, un pH acide et des marqueurs épididymères effondrés. Les marqueurs prostatiques sont généralement normaux. Les marqueurs de la vésicule séminale sont le plus souvent abaissés (Fontaine E. et al. 2001).

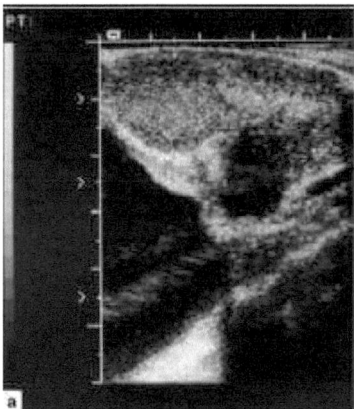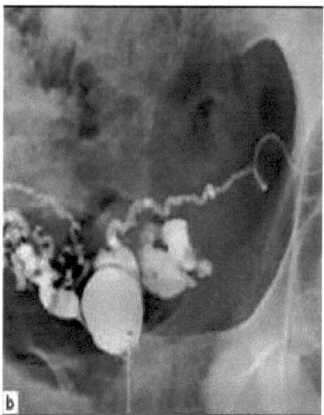

Figure 9 : A : Echographie et radio des organes génitaux chez un sujet normal

(Jaidane M.)

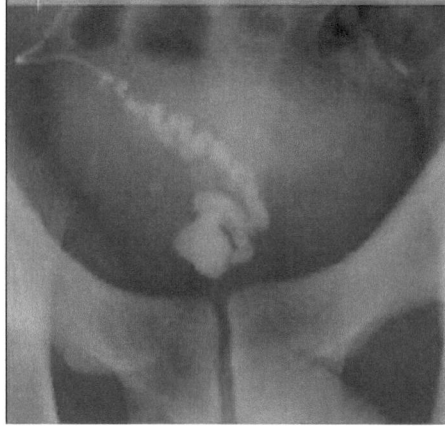

Figure 9: B : Radio des organes génitaux chez un sujet ABCD

(Jaidane M.)

V-2- Diagnostic génotypique

Tenant compte d'une implication du gène *cftr* dans l'absence des canaux déférents (ABCD) chez les hommes stériles, une analyse des segments de ce gène par des techniques de biologie moléculaire est nécessaire. Pour cela, l'étude commence par une amplification de l'intron ou l'exon étudié par PCR (Polymerase Chain Reaction ou réaction de polymérisation en chaine) suivie d'une DGGE (Denaturing Gel Gradient Electrophorisis ou électrophorèse sur gel à gradient dénaturant) ou d'une DHPLC (Denaturing High Performance Liquid Chromatography ou chromatographie liquide haute performance en condition dénaturante) selon le segment à analyser et enfin un séquençage direct de l'ADN pour identifier la nature de la mutation.

❖ L'électrophorèse sur gel en gradient dénaturant DGGE

Elle permet l'étude du comportement migratoire du produit de PCR sur un gel de polyacrylamide contenant un gradient croissant (entre 0 et 80%) d'agents dénaturants qui sont l'urée et la formamide (Rich D.P. et al. 1993).

La présence d'une mutation crée une déstabilisation du domaine de fusion de la molécule ce qui permet de visualiser une différence de comportement migratoire entre les hétéroduplexes (brin normal / brin muté) et les homoduplexes (brin normal / brin normal – brin muté / brin muté).

❖ Chromatographie liquide haute performance en conditions dénaturantes dHPLC

La DHPLC est une chromatographie liquide haute performance par appariement d'ions à phase inverse qui permet l'identification des molécules hétéroduplexes. Le produit amplifié est injecté dans une colonne à phase inverse préchauffée. L'ADN est élué de la colonne pour un gradient linéaire d'acitonitrile dans un tampon d'acétate de triethylamine (TEAA). La colonne est chauffée dans un four à une température optimale pour permettre la séparation des molécules hétéroduplexes avec une dénaturation partielle de l'ADN (Desideri-Vaillant C. et al. 2004).

❖ Le séquençage direct de l'ADN

Une fois l'analyse par DGGE ou DHPLC est faite, l'identification de l'anomalie au niveau des profils anormaux sont réamplifiés puis séquencés directement à partir de l'ADN du patient pour pouvoir déterminer son génotype exact.

Cette méthode, proposée par F. Sanger en 1970, repose sur l'utilisation de nucléotides particuliers appelés didésoxyribonucléotides, qui bloquent la synthèse de l'ADN par les ADN polymérase après leur incorporation. Ce blocage est dû à l'impossibilité qu'ont ces nucléotides de former une liaison phosphodiester avec un autre nucléotide en raison de l'absence du groupement hydroxyle sur le carbone 3' (Middendorf R.L. et al. 1992).

Quant aux substitutions M470V au niveau de l'exon 10 et la V201M au niveau de l'exon 6a associées à l'allèle 5T, réduisent la proportion d'ARN messagers normaux avec une pénétrance variable puisque l'haplotype 5T/V470 a montré plus de pénétrance que l'haplotype 5T/470M.

VI- Corrélation entre phénotype et génotype

La diversité des présentations cliniques et de l'évolution de la maladie a naturellement conduit à s'interroger sur les corrélations génotype-phénotype, corrélations qui sont difficiles à établir du fait de la rareté de la plupart des mutations de la diversité de leurs associations au moment de la découverte du gène *cftr* (Girodon E. et al. 1997).

La conservation au nom de la fonction pancréatique et le seul critère bien identifié, il est admis que les formes avec insuffisance pancréatique sont le plus souvent en rapport avec les mutations « sévères ». Par contre les formes avec conservation de la fonction pancréatique sont essentiellement des mutations « modérées » (Sermet-Goudelus I. et al. 2002) **(Figure 10)**.

De façon presque générale, la majorité des patients agénésiques sont hétérozygotes pour les mutations du gène *cftr*, ainsi les mutations identifiées chez les ABCD ont une distribution très différente de celles des patients mucoviscidosiques. En fait, ces derniers présentent des mutations dites sévères dans chaque allèle du gène *cftr*.

Dans certains cas, un second changement de séquence dans le même gène permet de moduler l'effet phénotypique de la mutation primaire. L'exemple le mieux étudié est celui de la mutation faux-sens R117H (transition au niveau du nucléotide de G → A à la position 482 de la région codante de l'exon 4): en présence de l'allèle 5T, elle est typiquement associée avec une mucoviscidose sans insuffisance pancréatique ; en présence de l'allèle 7T, elle est soit asymptomatique (chez les sujets de sexe féminin), soit associé avec une stérilité par absence des canaux déférents (chez les sujets de sexe masculin) (Storni V. et al. 2001).

Un variant intronique appelé IVS8-5T est fréquemment observé chez les ABCD (12,8 - 43,7%). Ce variant est localisé au niveau du site accepteur de l'intron 8, aussi une longueur alternative du variant est de sept (IVS8-7T) ou neuf (IVS8-9T) thymidines. Une fréquence élevée montre que le variant (IVS8-5T) est en relation avec le saut de l'exon 9, ce qui résulte le disfonctionnement de la protéine CFTR (Viel M. et al. 2004) (Rohlfs E.M. et al. 2002).

A côté du variant 5T, une évidence expérimentale a indiqué que les répétitions de 9-13 TG du nucléotide placées immédiatement collées au variant poly T peuvent davantage moduler le saut de l'exon 9 augmentent proportionnellement au nombre de répétition de TG.

La présence du 5T près de 12 ou 13 TG est plus probable de provoquer un phénotype anormal que la présence de 5T près de nombre de répétition inférieur à 12 TG (Mantovani V. et al. 2007).

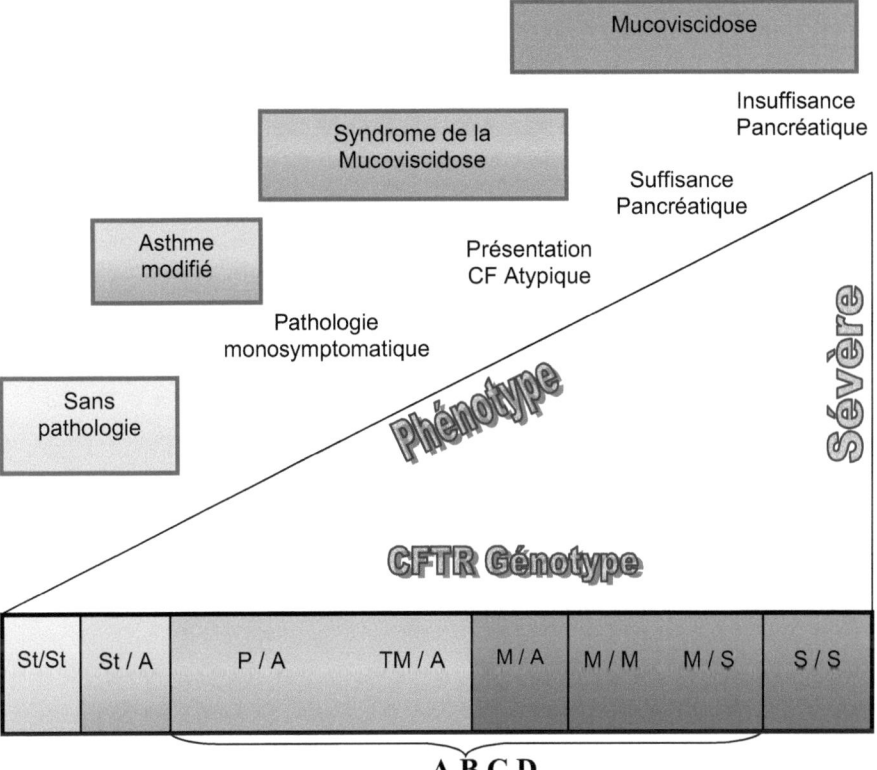

Figure 10 : Le spectre de phénotype associé au gène *cftr*. (Zielenski J. 2000)
St = Type sauvage; A = autre = très modérée, modérée ou sévère mutations.
P = Polymorphisme ; M = Modérée ; S = Sévère.

VII- Traitement

Le traitement chirurgical ou médicamenteux de la stérilité masculine, et plus particulièrement de l'azoospermie excrétoire (liée à une absence congénitale ou à une obstruction secondaire des voies génitales masculines, sont responsables de 3 à 12% des stérilités masculines), s'est longtemps heurté à des obstacles limitant considérablement les chances de succès thérapeutiques.

Associés à la fécondation in vitro et transfert d'embryons (FIVETTE) et l'injection intracytoplasmique d'un spermatozoïde (ICSI), ces techniques offrent une chance de procréer à des hommes considérés jusqu'ici comme définitivement stériles (Wisarda M. et al. 1999).

VII -1- L'injection intracytoplasmique de spermatozoïdes (ICSI : Intracystoplasmic Sperm Injection)

Lorsque les spermatozoïdes ne sont pas assez nombreux ou assez vigoureux pour féconder l'ovocyte, on peut avoir recours à l'injection intracyplosmique. Cette injection peut être réalisée avec du sperme frais ou ayant été congelé, provenant d'un éjaculat, ou d'une ponction épididymaire (ponction de spermatozoïde réalisée à l'aide d'une aiguille dans l'épididyme, un canal situé sur le bord supérieur du testicule et par lequel passe le sperme) ou biopsie chirurgicale testiculaire (prélèvement de tissu réalisé directement dans les testicules). Complémentaire à la fécondation *in vitro* et le transfert d'embryon (FIVET) la microinjection intracytoplasmique a fait nettement reculer la notion stérilité masculine. Son principal but est de court-circuiter l'étape de fixation-fusion-pénétration du spermatozoïde dans l'ovocyte lorsqu'il existe un disfonctionnement au niveau d'une ou plusieurs de ces phases (Hamamah S. et al. 2007).

VII -2- Application de l'injection intracytoplasmique de spermatozoïdes dans l'agénésie bilatérale des canaux déférents

Avec cette technique, mise au point en 1992 par le Belge, André Van Steirteghem, l'ICSI commence par une stimulation hormonale des ovaires de la conjointe. L'ovulation est déclenchée par injection de 5000 UI de HCG suivie, 36H après, du recueil des ovocytes par ponction trans-vaginale écho-guidée sous anesthésie.

La deuxième étape consiste à recueillir le spermatozoïde par acte chirurgical, cet acte consiste à faire une dissection étagée de l'épididyme et à effectuer une biopsie testiculaire.

Ces derniers consistent de source de recueil de spermatozoïde. Au cours de cette étape, une exploration chirurgicale et un test de perméabilité sont effectués pour discuter de la possible reperméabilisation des voies génitales.

La troisième étape consiste à préparer des ovocytes par dénudation, décoronisation, lavage et dépôt de chaque ovocyte dans une boite de pétri additionné d'une goutte de 5ml de milieu de culture. Les spermatozoïdes, quant à eux, sont sélectionnés vis-à-vis leur mobilité. Ils sont ensuite placés dans un milieu de culture et immobilisés par un choc mécanique sur leur flagelle partiellement sectionnés.

La quatrième étape est la micro-injection, elle consiste à mettre dans une même boite les spermatozoïdes près des ovocytes ainsi traités. Le tout est recouvert d'huile de paraffine est déposé sur la platine chauffante du microscope inversé. L'ovocyte est alors maintenu par la pipette et injecté de façon bien précise par un seul spermatozoïde.

Au bout de 48H, des embrayons à 4 cellules peuvent être observés. Dans ce cas, l'ICSI se termine par le transfert de 2 à 3 embrayons dans la cavité utérine de la patiente et le reste des embrayons est congelés pour une ultérieure utilisation en cas d'absence de grossesse.

Les résultats de cette technique en terme de grossesse sont prometteurs, ils oscillent entre 12,6 et 43% (Siffroi J.P. 2005) (Radpour R. et al. 2008).

Patients et Méthodes

I- Patients

Notre étude a porté sur 20 sujets de sexe masculin âgés entre 28 et 40 ans et d'origines différentes.

Tous ces sujets sont stériles par azoospermie obstructive et présentent une agénésie bilatérale des canaux déférents confirmée par une échographie de l'appareil urogénital, et sachant qu'aucun des patients n'avait signalé avoir des symptômes évocateurs de la mucoviscidose.

Ces derniers ont été adressés au service de biochimie et de biologie moléculaire de l'Hôpital d'Enfants de Tunis pour suspicion de mucoviscidose.

Une étude moléculaire est alors pratiquée afin d'identifier l'anomalie du gène *cftr* responsable de mucoviscidose.

II- Méthodes

Pour la réalisation de cette étude, plusieurs stratégies ont été utilisées pour identifier les lésions moléculaires responsables de l'agénésie bilatérale des canaux déférents qui sont la DGGE ou la DHPLC suivies d'une réaction de séquençage des profils différents des témoins utilisés.

Ces différentes stratégies ont porté spécifiquement sur les exons 3, 4, 5, 6a, 10, 11, 17b, 19, 20, 21, 22 ainsi que la jonction intron8/exon9.

II-1- Extraction de l'ADN par la méthode de phénol/chloroforme

Toute étude de génétique moléculaire est basée sur l'utilisation d'acides nucléiques, pour cela un prélèvement de sang veineux est réalisé et étant donné que, toutes les cellules nucléées possèdent l'information génétique au niveau de leurs noyaux, l'extraction de l'ADN est alors effectuée sur les leucocytes périphériques.

Les techniques d'extractions des acides nucléiques sont nombreuses et relativement simples mais il suffit de travailler stérilement et d'éviter toute destruction enzymatique ou mécanique.

La méthode utilisée dans ce présent travail est la méthode d'extraction de l'ADN génomique par la méthode de phénol/chloroforme.

II-1-1- Réactifs (Voir annexe 1)

II-1-2- Protocole expérimental

Un prélèvement de 10 ml de sang périphérique sur un tube EDTA (anticoagulant) est effectué.
La technique d'extraction d'ADN comporte plusieurs étapes :

- 1ère étape : Lyse des globules rouges

    1) Ajouter 40ml de solution de lyse des GR.
    2) laisser à -4°C pendant 15 mn.
    3) Centrifuger à 3600 rpm pendant 10 mn à 4°C.
    4) Eliminer le surnageant et récupérer le précipité blanc au fond du tube.
    5) L'étape de lyse des GR est répétée 2 à 3 fois jusqu'à l'obtention d'un précipité blanc.

- 2ème étape : Lyse des globules blancs :

    6) Ajout de 1ml de tampon (Kcl, Tris, Mgcl2, Twin20).
    7) Ajout de 0,5ml de SDS 10%.
    8) Agiter jusqu'à devenir visqueux (la viscosité indique que les protéines sont libres).
    9) Incuber pendant 3 heures à 37°.

- 3ème étape : Précipitation des protéines :

    10) Ajouter un volume égal de phénol.
    11) Centrifuger pendant 4000 rpm pendant 10mn
    12) Ajouter un volume égal de chloroforme.
    13) Centrifuger à 4000 rpm pendant 10mn à 4°C.
    14) Récupérer la phase aqueuse supérieure.
    15) Ajouter un volume d'éthanol froid.
    16) Récupérer la molécule d'ADN avec une pipette Pasteur et la laisser sécher.
    17) Dissoudre l'ADN dans 1ml de TE 10/1
    18) Laisser l'ADN sous agitation toute la nuit.
    19) Ajout de 11µl de SDS + 25µl de PK.
    20) Incuber à 37° pendant 4 heures.

- 4ème étape : Précipitation de l'ADN :

    21) Répéter les étapes à partir de l'étape 12.
    22) Dissoudre la molécule d'ADN dans un volume de TE 10/1selon l'intensité de l'ADN.

II-1-3- Contrôle de l'ADN

II-1-3-1- Contrôle quantitatif

La détermination de la concentration de l'ADN se fait par spectrophotométrie en mesurant la densité optique à 3 valeurs de la longueur d'onde 260, 270 et 280nm. En effet, les bases azotées puriques et pyrimidiques de l'ADN absorbent fortement à 260nm, alors que les noyaux aromatiques, contenant les liaisons conjuguées, des protéines absorbent à 280nm, et enfin le phénol absorbe à 270nm.

Une unité de densité optique à 260nm correspond à une solution d'ADN double brin de concentration égale à 50ng /µl.

[ADN] ng /µl =X x facteur de dilution x 50.   Avec X=DO à 260 nm.

Une contamination protéique est observée lors de mesure de la D.O. à 280nm alors qu'une contamination par le phénol est mentionnée à 270nm.

Un ADN pur doit avoir un rapport $1,8 \leq DO260 / DO280 \leq 2,1$.

II- 1-3-2- Contrôle qualitatif

Ce contrôle se fait sur un gel d'agarose de 0,8% sur lequel on dépose 5µl d'ADN avec 3µl de tampon de charge (bleu de bromophénol et xylène cyanol) et on laisse migrer dans une cuve d'électrophorèse.

Un ADN pur doit avoir une bande claire et nette visible sous UV, alors qu'un ADN dégradé présente une image de traînée.

II- 2- Technique d'amplification in vitro par la réaction de polymérisation en chaine (PCR)

II- 2-1- Principe

La PCR (Polymerase Chain Reaction) est une technique relativement récente, inventé par K.Mullis en1983, permettant d'amplifier sélectivement une séquence d'ADN. Cette réaction nécessite deux séquences de 20 à 30 nucléotides flanquant la région d'ADN à amplifier et qui serviront d'amorces ou primers. Cette amplification se fait sur un thermocycleur suivant une série de cycles comportant chacun trois étapes :

* Une dénaturation entre 90°C et 95°C
* Une hybridation entre 40°C et 60°C
* Une élongation entre 72°C et 74°C

A la fin du cycle, on obtient donc deux molécules d'ADN doubles brins contenant la séquence amplifiée et un nouveau cycle peut alors commencer. Chaque cycle permet de doubler le nombre de copies à amplifier, ce qui permet d'obtenir 2^n exemplaires de cette séquence au bout des cycles. La réaction de PCR se fait sur un thermocycleur.

II- 2-2- Protocole expérimental

II- 2-2-1- Amplification des exons 3, 4, 5, 10, 11, 19, 20 pour analyse par DGGE

❖ **Les conditions de PCR**

Exon 5		Les autres Exons	
Tampon PCR 10X	1X	Tampon PCR 10X	1X
dNTP (2mM)	0,5mM	dNTP (10mM)	0,5mM
Amorce sens (20pM)	0,2pM	Amorce sens (10pM)	0,2pM
Amorce anti-sens (20pM)	0,2pM	Amorce anti-sens (10pM)	0,2pM
Taq Polymérase (5u/µl)	1U	Taq Polymérase (5u/µl)	1U
ADN (100 ng)	150ng	ADN (100 ng)	150ng
Eau distillée	qsp 50 µl	Eau distillée	qsp 50 µl

❖ **Les séquences des amorces**

Exons	Séquences des amorces	Taille des amplicons en pb
3	CF3 : 5' TTGGATATACTTGTGTGTGAAT 3' GCCF3 : 5'GCCCGCCGTCCCGGCCGCACCCCCGCGCGTCCGGCGCCCGTTCGTAGTCTTTTCATAATC 3'	323
4	CF4 : 5' TGTGTTGAAATTCTCAGGGT 3' GCCF4 : 5' GCCCCCCCTCCCGGCCCGTCCCCCTGGCGCCCCGCCCCGACAGAATATATGTGCCATGGG 3'	369
5	CF5 : 5' CTTTCCAGTTGTATAATTTA 3' GC CF5 : 5' GCGCGCGCGCGCGCGCGCGCGCGCGCGCGCGCGCGCGCGCGCGCGCGCGCGCGCGCGCTA TTTGTATTTTGTTTGTTGA 3'	235
10	CF10 : 5' TCCTGAGCGTGATTTGATAA 3' GCCF10 : 5' CGGGCGCCGGACGCGCGCGGGGGTCGGGCCGGCGGGCATTTGGGTAGTGTGAAGGG 3'	336
11	CF11 : 5' CATTTACAGCAAATGCTTGCTAG 3' GCCF11 : 5' GCCCGCCGGCCCGACCCCCGCGCGTCCGGCGCCCGCAGATTGAGCATACTAAAGTG 3'	224
19	CF19 : 5' GTGAAATTGTCTGCCATTCT 3' GCCF19 : 5'GGTCCCCGTCCCCGCCCGGCCCGGCCCCCCGGCGCCCGGCCCCCGAGGCTACTGGGATTCACTTA 3'	407
20	CF20 : 5' TGAGTACAAGTATCAAATAGC 3' GCCF20 : 5' GCCCGCCGGCCCGACCCCCGCGCGTCCGGCGCCCGTATGTCACAGAAGTGATCCC 3'	302

❖ **Programme d'amplification**

	Exon 5	Les autres Exons
Une dénaturation initiale :	5 minutes à 95°C	5 minutes à 95°C
Phase de dénaturation :	40 secondes à 95°C ⎤	40 secondes à 95°C ⎤
Phase d'hybridation :	40 secondes à 45°C ⎬ 30 cycles	40 secondes à 57°C ⎬ 30 cycles
Phase d'élongation :	40 secondes à 72°C ⎦	40 secondes à 72°C ⎦
Une élongation finale :	5 minutes à 72°C	5 minutes à 72°C

II- 2-2-2- Amplification des exons 6a, 10, 17b, 21, 22 pour analyse par dHPLC

❖ Les Conditions de PCR

- Tampon de PCR 10X : 1X
- dNTP (10mM) : 0,5mM
- Amorce sens (10pM) : 0,2pM
- Amorce anti-sens (10pM) : 0,2pM
- Taq Polymérase (5u/µl) : 1U
- ADN (100 ng) : 150ng
- Eau distillée : qsp 50 µl

❖ Les séquences des amorces

Exons	Séquences des amorces	Taille des amplicons en pb
6a	h6ai5 : 5' TCCTTTTACTTGCTTTCTTTCA 3' h6ai3 : 5' TATGCATAGAGCAGTCCTGGTGGTT 3'	344
10	C16B : 5' GTTTTCCTGGATTATGCCTGGCAC 3' C16D : 5' GTTGGCATGCTTTGATGACGCTTC 3'	98
10	10i5 : 5' TGATAATGACCTAATAATGAT 3' C16D' : 5'CATTCACAGTAGCTTACCCA 3'	336
17b	17bi5 : 5' AATGACATTTGTGATATGAT 3' 17bi3 : 5' CTTAAATGCTTAGCTAAAGT 3'	382
21	21i5 : 5' AATGTTCACAAGGGACTCCA 3' 21i3 : 5' CAAAAGTACCTGTTGCTCCA 3'	477
22	h22i5 : 5' ATCAATTCAAATGGTGGCAGGT3' h22i3 : 5' AATGATTCTGTTCCCACTGTGCT3'	370

❖ Programme d'amplification

- Une dénaturation initiale : 5 minutes à 95°C
- Phase de dénaturation : 40 secondes à 95°C ⎫
- Phase d'hybridation : 40 secondes à 57°C ⎬ 30 cycles
- Phase d'élongation : 40 secondes à 72°C ⎭
- Une élongation finale : 5 minutes à 72°C

II- 2-2-3- Amplification de l'intron 8/exon 9 pour séquençage direct

❖ **Les Conditions de PCR**

- o Tampon de PCR 10X : 1X
- o dNTP (10mM) : 0,5mM
- o Amorce sens (10pM) : 0,2pM
- o Amorce anti-sens (10pM) : 02pM
- o Taq Polymérase (5u/µl) : 1U
- o ADN (100 ng) : 150ng
- o Eau distillée : qsp 50 µl

❖ **Les séquences des amorces**

Exons	Séquences des amorces	Taille des amplicons en pb
9	9i5 : 5' TAATGGATCATGGGCCATGT 3' 9i3 : 5' ACAGTGTTGAATGTGGTGCA 3'	538

❖ **Programme d'amplification**

- o Une dénaturation initiale : 5 minutes à 95°C
- o Phase de dénaturation : 40 secondes à 95°C ⎫
- o Phase d'hybridation : 40 secondes à 57°C ⎬ 30 cycles
- o Phase d'élongation : 40 secondes à 72°C ⎭
- o Une élongation finale : 5 minutes à 72°C

II- 2-3- Contrôle de la PCR sur gel d'agarose

Le dépôt et la séparation des produits PCR sur un gel d'agarose est une étape indispensable pour vérifier la qualité de la PCR avant toute autre manipulation.

Le choix de la concentration du gel dépend de la taille du fragment amplifié. Pour le contrôle de nos fragments, il nous faut un gel de 1,5%.

II-2-3-1- Préparation d'un gel d'agarose 1,5%

- On mélange 0,75g d'agarose à 50ml de tampon TBE (1X) dans un erlenmeyer.
- Le mélange est porté à l'ébullition jusqu'à ce que la solution devienne transparente. Après refroidissement, on ajoute 2µl de bromure d'éthidium (BET), colorant fluorescent qui s'intercale entre les bases de l'ADN.
- Le gel est ensuite coulé sur une cuve horizontale munie d'un peigne pour marquer les puits au sein du gel.

II-2-3-2- Contrôle sur gel

5µl de la solution d'amplification en présence de 2µl de solution de charge sont déposés dans les puits du gel.

La solution de charge est constituée par du bromophénol, du xylène cyanol et du ficoll (alourdisseur qui retient l'ADN au niveau du puits).

Les 2 marqueurs migrent à des vitesses différentes : le bleu de bromophénol (violet) migre avec les fragments de petites tailles, le xylène cyanol (bleu turquoise) avec les fragments de grandes tailles. La migration de l'ADN est donc suivie indirectement.

L'intensité des amplicons peut être variable car elle dépend de la réaction de l'amplification à l'intérieur de chaque tube lors de la réaction de PCR.

II- 3- Technique d'électrophorèse sur gel en gradient dénaturant (DGGE)

II- 3- 1- Principe

Elle permet l'étude du comportement migratoire du produit de PCR sur un gel de polyacrylamide contenant un gradient croissant (entre 0 et 80%) d'agents dénaturants qui sont l'urée et le formamide (Rich D.P. et al. 1993).

En effet, quand la température de fusion (Tm) la plus basse est atteinte, le double brin d'ADN commence partiellement à fusionner créant ainsi des molécules branchées. La fusion partielle de l'ADN réduit sa mobilité électrophorétique dans le gel puisque la Tm est spécifique de la séquence nucléotidique.

La présence d'une mutation crée une déstabilisation du domaine de fusion de la molécule ce qui permet de visualiser une différence de comportement migratoire entre les hétéroduplexes (brin normal / brin muté) et les homoduplexes (brin normal / brin normal – brin muté / brin muté).

Les amorces riches en G et C appelées « clamps GC » sont employées pour la création d'un domaine artificiel de haute stabilité pour que la région d'intérêt devienne le domaine où la Tm est la plus basse. Ces clamps GC maximisent la sensibilité de la méthode pour la détection des mutations.

La fiabilité de cette technique se trouve accrue par l'existence d'hétéroduplexes formés par l'association du brin normal avec le brin muté au cours de la PCR.

L'électrophorèse sur gel en gradient dénaturant s'effectue dans un bain thermostaté à 60°C, température de quelques degrés inférieurs à la Tm du domaine analysé.

L'augmentation linéaire de la température est réalisée grâce au gradient dénaturant formé par l'urée et le formamide. En effet, l'action des agents dénaturants sur l'ADN est comparable à une élévation de température, puisque 3% de dénaturant entraîne une augmentation de 1°C de la température.

II- 3- 2- Réactifs (Voir annexe 2)

II- 3- 3- Protocole expérimental

L'analyse du DGGE commence par une amplification par PCR du fragment d'ADN d'intérêt puis un contrôle de la qualité de celle-ci sur un gel d'agarose. Ensuite ces produits amplifiés sont soumis à une migration électrophorétique sur un gel de polyacrylamide en gradient dénaturant dans des conditions particulières et optimales qui diffèrent d'un fragment amplifié à un autre.

Les conditions de migration pour les différents exons sont résumées dans le tableau suivant **(Tableau IV)** :

Tableau IV : Les concentrations des gels pour les exons étudiés

Condition 20% / 70%	Condition 30% / 80%
Exon 4	Exon 3
Exon 19	Exon 5
Exon 20	Exon 10
	Exon 11

- Préparation du gel avec un gradient de dénaturation

Le montage du gel est réalisé avec deux plaques de dimension 16x18 cm et deux espaceurs de 0.75mm d'épaisseur. L'ensemble est maintenu en position verticale grâce à un dispositif spécifique.

On prépare 12ml de chaque solution souhaitée à partir de deux solutions stocks 0% et 80% de dénaturants auxquelles on ajoute les deux agents polymérisants, le persulfate d'ammonium (PSA) et le TétraMéthylEthylèneDiamine (TEMED). Les deux tableaux ci-dessous regroupent les deux conditions utilisées lors de notre analyse DGGE pour les différents exons étudiés **(Tableau V)** :

Tableau V : Les conditions d'analyse par DGGE des différents exons :

Exons 4, 19 et 20 :

Réactifs / Solutions	Solution 0%	Solution 80%	PSA 20%	TEMED
Solution 20%	V=9ml	V=3ml	150µl	15µl
Solution 70%	V=1.5ml	V=10.5ml	150µl	15µl

Exons 3, 5, 10, 11 et 17b :

Réactifs / Solutions	Solution 0%	Solution 80%	PSA 20%	TEMED
Solution 30%	V=7.5ml	V=4.5ml	150µl	15µl
Solution 80%	V=0ml	V=12ml	150µl	15µl

- Le préparateur de gradient est déposé sur l'agitateur magnétique afin de créer un gradient dénaturant croissant du haut vers le bas. Ce préparateur est composé de deux compartiments : le 1er est rempli par la solution la plus concentrée et le 2ème par la moins concentrée.
- Les deux solutions sont mélangées au niveau du préparateur de gradient et sont versées entre les deux plaques préalablement préparées.
- On place le peigne et on laisse polymériser pendant une heure.
- A la fin de la polymérisation, le peigne est retiré, le gel est mis dans le tampon de migration TAE 1X, chauffé préalablement à 60°C. Les échantillons à étudier sont

préparés en mélangeant 5µl de bleu de DGGE (le bleu de bromophénol) avec 20µl de produit amplifié.
- Après le chauffage du gel pendant 15 minutes, les puits sont lavés à l'aide d'une seringue puis les échantillons sont déposés à l'aide d'une pipette Hamilton (50µl).
- La migration s'effectue pendant 18 heures à une différence de potentiel de 60 volts.

II- 3- 4- Révélation du gel

Après migration, le gel est retiré du dispositif de DGGE puis mis dans une solution de TAE 1X contenant le BET et visualisé sous U.V.

II- 4- Technique de chromatographie liquide haute performance en condition dénaturante (dHPLC)

II- 4- 1- Principe

La DHPLC est une chromatographie liquide haute performance par appariement d'ions à phase inverse qui permet l'identification des molécules hétéroduplexes (Le Maréchal C. et al. 2003). Le produit amplifié est injecté dans une colonne à phase inverse préchauffée, cette colonne est constituée de deux phases :

- *La phase stationnaire* est constituée des billes de polystyrène divinylbenzène (PS-DVB) sur lesquelles sont greffés des groupements alkyles C18.

- *La phase mobile* contient 0.1 M de Triéthylammonium Acétate (TEAA) et de l'acétonitrile (ACN). Le mélange de ces deux réactifs au niveau de la pompe permet de créer un gradient d'acétonitrile (solvant organique très hydrophobe) qui, pendant l'analyse, permet d'éluer à des temps différents les constituants de l'échantillon (homoduplexes et hétéroduplexes). Les molécules d'hétéroduplexes sont éluées avant les molécules d'homoduplexes car il y a moins de liaisons entre les bases grâce à leur conformation non homogène.

Pour que le système puisse détecter la présence d'un mésappariement, il faut réaliser une étape de dénaturation partielle à 95°C suivie d'une renaturation lente afin de créer les hétéroduplexes. La température du four dans lequel est placée la colonne doit être déterminée au degré près selon le domaine de fusion étudié. Si celle-ci est trop élevée, les liaisons hydrogènes entre bases complémentaires sont rompues. L'ADN est alors sous forme simple brin et les mutations ne peuvent plus être détectées.

Appareil WAVE MAKER system model 4500

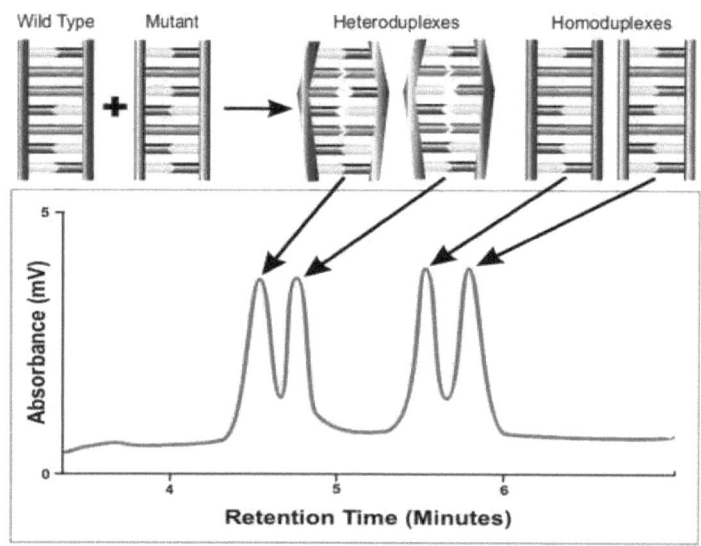

Principe de la DHPLC

II- 4- 2- Courbe de fusion

Le logiciel "Wave Maker" permet de déterminer la courbe de fusion ainsi que la température de réglage du four nécessaire à l'analyse des domaines de la séquence d'ADN.

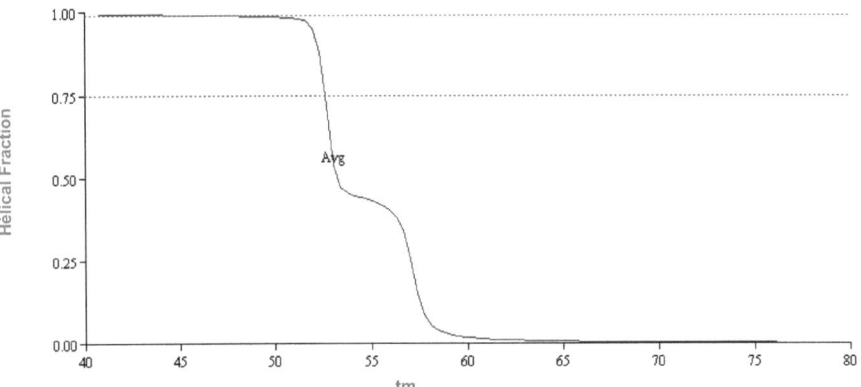

Figure 11 : Courbe de fusion de l'exon 21

Cette courbe montre l'évolution du pourcentage de double brin de la séquence encadrée par les amorces en fonction de la température. Jusqu'à environ 52°C, toute la séquence est sous forme double brin. Par contre, entre 53 et 57°C, on a une dénaturation quasi complète du fragment. C'est donc à priori aux environs de ces températures qu'il faudra réaliser l'étude **(Figure 11)**.

II- 4- 3- Modélisation des fragments

Le choix de la température reste le critère le plus important pour le bon déroulement de l'analyse DHPLC. Un logiciel "Wave Maker" intégré à l'appareil propose les températures adaptées, et l'algorithme utilise la séquence sauvage homozygote pour calculer les courbes de fusion **(Figure 12)**. Cependant, ces températures ne permettent pas toujours de dénaturer les 2 brins de l'ADN.

Lors de l'élévation de la température, l'ADN passe de la forme double brin à la forme simple brin. En condition semi dénaturantes, c'est le passage de la forme double hélice à la forme simple brin qui permet l'analyse du fragment. La température d'analyse retenue pour l'élution sera donc celle correspondant au point d'inflexion de la sigmoïde.

- Conditions d'analyse pour l'étude de la mutation F508del dans des conditions non dénaturantes :

La F508 del, étant une mutation délétionnelle, son analyse ne nécessite pas une température élevée. Ainsi, nous travaillons à 50°C dans des conditions non dénaturantes (en mode sizing), les hétéroduplexes sont séparés des homoduplexes en fonction de leurs tailles.

- Simulation de l'identification de la température de dénaturation des restes des exons (6a, 10, 17b, 21 et 22):

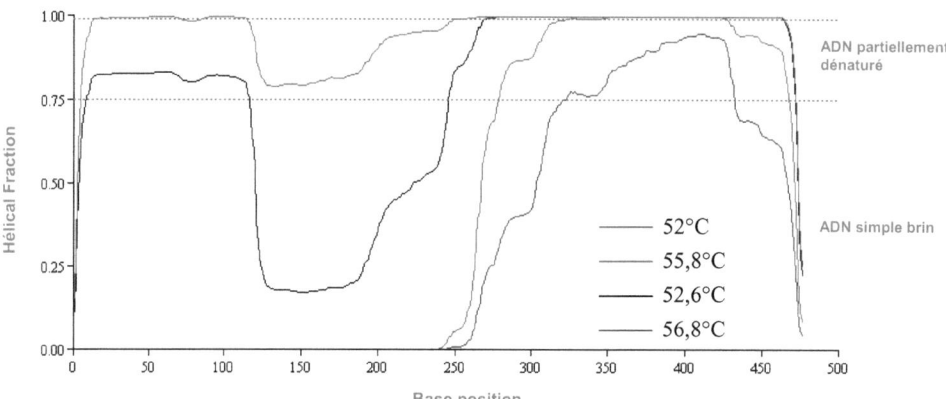

Figure 12: Courbe des températures de dénaturation des différents domaines de l'exon 21

Cette simulation permet d'estimer la température la plus adaptée pour l'étude de cet exon. On remarque que 4 températures sont retenues pour l'étude de ce fragment (52°C, 52,6°C, 55,8°C et 56,8°C). En effet, la température 52°C permet l'analyse du début et de la fin du fragment amplifié. Alors que les températures 52,6°C, 55,8°C et 56,8°C permettent d'étudier le reste du fragment.

II- 4- 4- Etapes de l'analyse dHPLC

- Equilibrage de l'appareil WAVE MAKER system et installation des réactifs (les 3 tampons A, B et D) **(Voir Annexe 3)**

- Choix des températures de dénaturation des exons étudiés **(Tableau VI)**:

Tableau VI : Les différentes températures des exons étudiés.

Exon	Température de dénaturation (°C)
6a	54.3 – 56.5 – 59.5 – 60.4
10	Conditions non dénaturantes : 50°C
10	53.9 – 55 – 55.9 – 56.5
17b	52.3 – 55 – 57.5
21	52 – 52.8 – 55.8 – 56.8
22	56.6 – 57.8 – 59.4

- Injection des échantillons :

Avant l'injection des échantillons à analyser, l'utilisation de deux témoins, l'un normal et l'autre hétérozygote (T+/-) pour l'exon étudié, est indispensable à l'interprétation des résultats. En effet, dire qu'il s'agit d'une variation de séquence ou de l'allèle normal se repose sur la comparaison entre les profils des témoins et ceux des patients.

D'autre part, le profil normal et le profil homozygote atteint sont identiques (un seul pic). Cela impose donc, de procéder à un mélange entre les deux échantillons témoin normal et ADN d'analyse. Si après dénaturation et renaturation, le profil obtenu correspond au profil hétérozygote, on peut à ce moment conclure que, l'échantillon d'analyse est un homozygote muté.

A ce stade, le séquençage de l'exon portant la variation de séquence, nous permettra d'identifier la mutation en question.

Chaque échantillon nécessite un temps d'analyse de 8 minutes.

- Processus de l'analyse :

L'injection des échantillons s'effectuera dans un flux contenant du TEAA et de l'ACN. L'ADN chargé négativement interagit avec le TEAA lié aux billes de la colonne qui est placée dans un four.
Un flux d'ACN de concentration croissante diminue l'interaction ADN-TEAA. Les hétéroduplexes, ayant moins d'affinité pour le TEAA, sont élués en premier, Les homoduplexes en second.
La détection des fragments étudiés en sortie de la colonne se fait par mesure de l'absorbance à 260 nm par une lampe UV.

Les profils obtenus sont en général sous formes de 3 pics : le 1er est le pic de l'injection, le 2ème celui des hétéro-homoduplexes et le 3ème est le pic de lavage (lavage de la seringue et de la colonne par la solution D composée d'ACN).

II- 5- Le séquençage direct
II-5-1- Principe

La méthode enzymatique, proposée par F. Sanger en 1970 **(Figure 13)**, repose sur l'utilisation de nucléotides particuliers appelés didésoxyribonucléotides (ddNTPs), qui bloquent la synthèse de l'ADN par les ADN polymérases après leur incorporation. Ce blocage est dû à l'impossibilité qu'ont ces nucléotides de former une liaison phosphodiester avec un autre nucléotide en raison de l'absence du groupement hydroxyle sur le carbone 3', contrairement aux désoxyribonucléotides conventionnelles (dNTPs), on obtient alors des fragments de tailles différentes marqués à leurs extrémités. (Middendorf R.L. et al.1992).

La migration des fragments synthétisés est effectuée sur un séquenceur automatique par électrophorèse capillaire. Cet appareil utilise un faisceau laser pour exciter les fragments fluorescents.

Ainsi, la fluorescence spécifique aux différents flurochrômes utilisés est détectée. Le séquenceur intègre les données de migration et les transforme en électrophorégrammes sous forme de pics de couleurs différentes qui correspondent à la séquence nucléotidique de l'ADN.

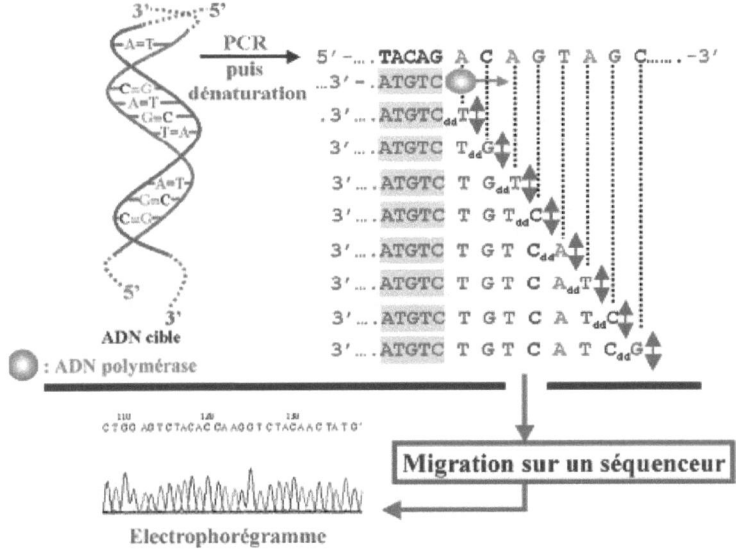

Figure 13 : Principe du séquençage selon la méthode de Sanger
(Lamoril J. et al. 2008).

II-5-2- Protocole expérimental
II-5-2-1- Purification des produits amplifiés

Le produit amplifié doit être purifié avant de le séquencer afin d'éliminer l'excès de dNTPs, d'amorces et de la Taq polymérase. La purification se fait par le Kit Wisard SV Gel PCR clean up system Promega.

1ère étape : Liaison de l'ADN à la membrane de silice :
- Mettre 45µl du produit amplifié dans un tube eppendorf
- Ajouter 45µl de la solution de liaison de l'ADN à la membrane de silice (Binding solution).
- Centrifuger 1 minute à 7146 tours par minute.

2ème étape : Lavage :
- Ajouter 700µl de la solution de lavage (Wash solution).
- Centrifuger pendant 1 minute à 7146 tours par minute.
- Ajouter 500µl de la solution de lavage (Wash solution).
- Centrifuger pendant 5 minutes à 7146 tours par minute.

3ᵉᵐᵉ étape : Elution

- Ajouter 50µl d'eau sans nucléase fournie avec le kit.
- Centrifuger 1 minute à 7146 tours par minute.

Le contrôle de la qualité et de la quantité du fragment est réalisé par une migration électrophorétique sur gel d'agarose à 1,5%.

II-5-2-2- Réaction de séquençage

Le Kit Prism Big Dye Terminator cycle sequencing Ready Reaction contenant la Taq polymérase, les dNTPs et les didésoxynucléotides (ddNTPs) marqués à la fluorescence (dATP : vert, dTTP : rouge, dCTP : bleu et dGTP : bleu), est utilisé pour la réaction de séquençage avec l'une des amorces de la PCR.

- Le mélange réactionnel :
  - Amorces (3.2pM/µl)   1µl
  - Big dye terminator Reaction Mix   4µl
  - ADN amplifié purifié   2.5µl
  - Eau distillée   qsp 20µl

Une réaction PCR à 25 cycles de séquençage est ensuite réalisée.

- Programme du thermocycleur :
  - Dénaturation   : 10 secondes à 96°C ⎫
  - Hybridation   : 5 secondes à 50°C   ⎬ 25 cycles
  - Elongation   : 4 minutes à 60° C   ⎭

II-5-2-3- Purification du produit de séquençage

Devant l'excès de didéoxyribonucléotides libres et marqués qui peuvent masquer l'analyse du début de la séquence, la purification du produit de séquençage s'impose. Cette purification est réalisée sur des colonnes centri-sep-spin columns (Princeton separation. Applied Biosystems).

- Ajouter 800µl d'eau distillée à la colonne et bien mélanger son contenu.
- Laisser reposer verticalement pendant 30 minutes au minimum.
- Centrifuger pendant 2 minutes à 2000 tours par minute.

- Déposer le produit de la réaction de séquençage.
- Centrifuger pendant 2 minutes à 2000 tours par minute.
- Ajouter au produit purifié 30µl d'eau distillé.

II-5-2-4- Eléctrophorèse capillaire sur le séquenceur automatique ABI Prism 310

La migration des produits de séquence est réalisée selon une électrophorèse capillaire.

- Principe de l'électrophorèse capillaire:

C'est une technique destinée à l'analyse qualitative et quantitative des molécules à partir d'échantillons de très faible volume.

Les molécules à analyser sont injectées dans un capillaire de silice de faible diamètre interne rempli d'un tampon ou d'un gel au sein duquel la séparation est réalisée sous l'action d'un potentiel électrique élevé pouvant atteindre 500 V/cm qui aboutit à des vitesses de migration très rapides des composés dans le capillaire.

- Conditions de l'électrophorèse :

  - Polymère : POP6 performance optimized polymer 6.
  - Capillaire : 50µm de diamètre et 47 cm de long.
  - Tampon de migration : tampon 10X avec EDTA dilué au 1/10.
  - Voltage : 15000V.
  - Temps de migration : 25 min pour chaque échantillon.
  - Température : 50°C
  - Résolution : 400pb.

- Exploitation des résultats :

Les fluochromes portés par les di-désoxyribonucléosides sont excités par le laser du séquenceur au cours de la migration des fragments. Un ordinateur relié à l'appareil, intègre les données et les transforme en électrophorégrammes par le logiciel.

Résultats et Discussions

Sur les 20 sujets de sexe masculin étudiés, seuls 16 possèdent des mutations mucoviscidosiques ainsi que des polymorphismes impliqués dans leur agénésie bilatérale des canaux déférents (ABCD).

I- Etude des mutations spécifiques aux ABCD

L'exploration des différents exons du gène *cftr* a montré plusieurs mutations ainsi que des polymorphismes causant l'agénésie bilatérale des canaux déférents (ABCD) chez les sujets étudiés.

I- 1- Recherche de la mutation F508del

- Cette recherche commence par une PCR de l'exon 10, suivie d'un contrôle sur gel d'agarose 1.5%.
- La mutation F508del localisé au niveau de l'exon 10 est la plus fréquente des mutations du gène *cftr*, elle représente 67,21% en France (Des Georges M. et al. 1998) et 50,23% en Tunisie (Messaoud T. et al. 2005).

En fait, c'est une délétion d'une phénylalanine en position 508 de la protéine, cette propriété délétionnelle lui confère la sévérité la plus haute des mutations mucoviscidosiques car elle aboutit à l'obstruction des bronches et du canal pancréatique.

- L'analyse par DHPLC a isolé 2 cas dans notre série présentant la mutation F508del à l'état hétérozygote.
- Cette analyse a été effectuée dans des conditions non dénaturantes (en mode sizing) et dans ce cas la DHPLC n'est qu'une simple analyse chromatographique des fragments amplifiés, en se basant sur la propriété délétionnelle que possède cette mutation.

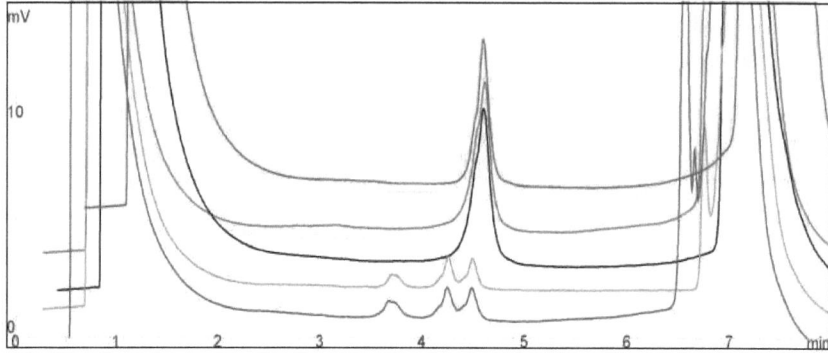

Figure 14 : Chromatogramme de la mutation F508del au niveau de l'exon 10.

— Patient 1 (F508del/Nl)
— Patient 2 (Nl/Nl)
— T (F508del/Nl)
— Patient 3 (Nl/Nl)
— Patient 4 (Nl/Nl)

I- 2- Etude des Exons 3, 4, 19, 21 et 22 :

Au niveau de ces exons explorés par DGGE ou DHPLC aucune variation de séquence n'a été observée. En effet, tous les cas sont identiques au profil du témoin normal utilisé pour chaque exon.

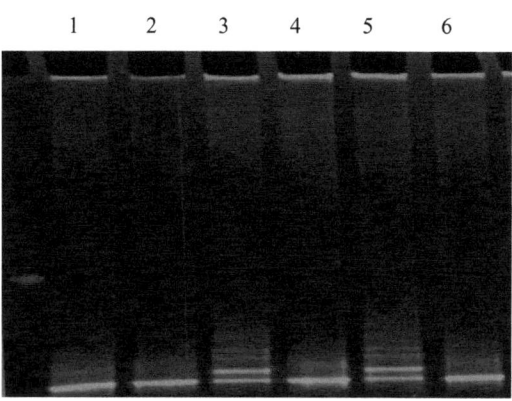

Figure 15 : Profil de DGGE (20% → 70%) de l'exon 4

1,2,4 : patients
6 : Témoin normal.
3,5 : Témoin (I 148 T/Nl)

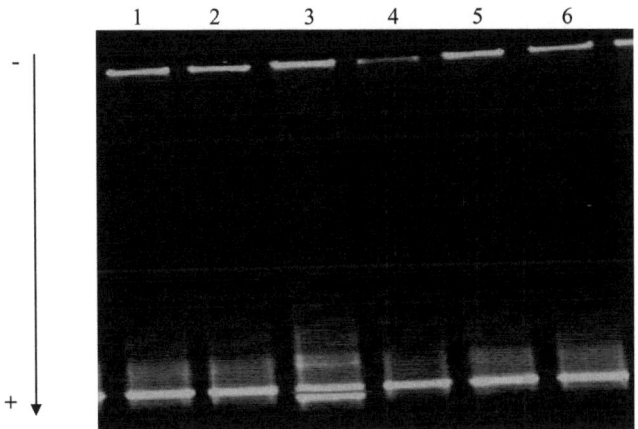

Figure 16 : Profil de DGGE (20% → 70%) de l'exon 19

1,2,4,5 : patients
3 : Témoin (F1166 C/Nl)
6 : Témoin normal.

I- 3- Etude de l'exon 5 :

Lors du balayage de cet exon par la méthode DGGE, un profil différent de celui du témoin normal a été identifié. L'ADN amplifié de cet échantillon a été reporté directement au séquençage afin de déterminer la nature de la mutation trouvée. Le profil du séquençage a montré alors un changement d'une Guanine par une thymine en position 711 de la séquence nucléotidique. C'est la mutation intronique 711+1G →T identifiée à l'état hétérozygote qui a été trouvé chez un patient d'origine algérienne.

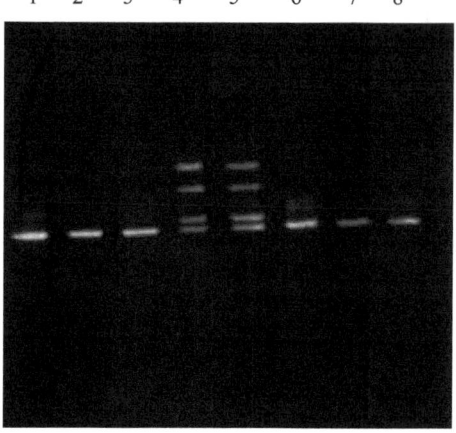

Figure 17 : Profil de DGGE de la mutation (711+1G ⟶ T).

1,2,6,7,8 : Patients
3 : Témoin normal.
4 : Témoin (711+1G ⟶ T/Nl).
5 : Patient (711+1G ⟶ T/Nl).

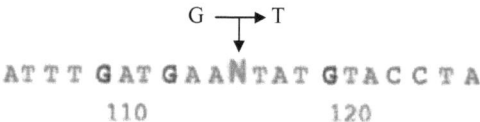

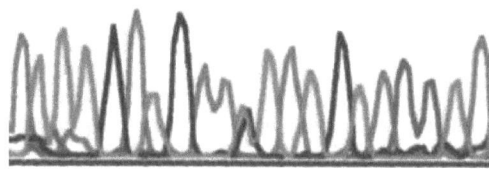

Figure 18 : Profil de séquençage de la mutation (711+1G ⟶ T/Nl) (brin direct).

I-4- Etude de l'exon 11

L'exploration de l'exon 11 par la DGGE a montré la présence d'un profil hétérozygote différent du profil normal utilisé chez un seul sujet.

Pour pouvoir déterminer la nature de la variation de séquence, l'ADN amplifié de l'échantillon a été reporté au séquençage ce qui nous a permis de déterminer une substitution d'une guanine par une thymine en position 1756 de la séquence nucléotidique aboutissant à la transformation d'une glycine en un codon stop au niveau de la protéine. Cette variation représente la mutation G542X qui est la deuxième mutation la plus fréquente en Tunisie avec un pourcentage de 7,96% (Messaoud T. et al 2005).

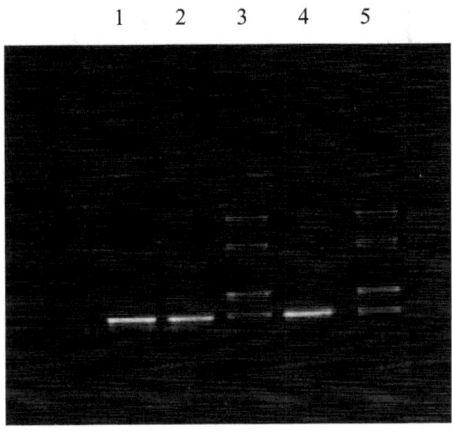

Figure 19 : Profil de DGGE de la mutation G 542X

1,2 : Patients
3 : Patient (G542X/Nl)
4 : Témoin normal
5 : Témoin (G542X/Nl).

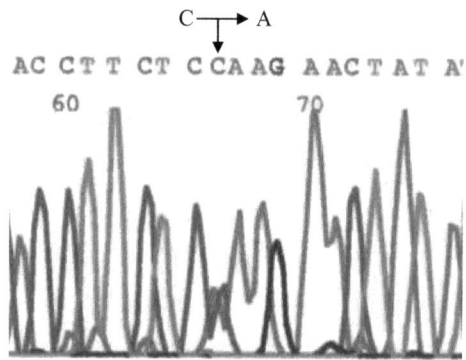

Figure 20 : Profil de séquençage de la mutation G542X à l'état hétérozygote (brin reverse).

I-5- Etude de l'exon 17b

En explorant l'exon 17b par DHPLC on a pu remarquer la présence d'un profil différent du témoin normal mais identique à celui du témoin hétérozygote utilisé.

Le profil est celui de la mutation E1104X qui a été confirmé suite au séquençage direct de l'exon, c'est un changement d'une guanine par une thymine à la position 3442 de la séquence nucléotidique ce qui engendre la transformation de la glutamine en un codon stop. Cette mutation à été identifiée pour la première fois par Zielenski et al. en 1995.

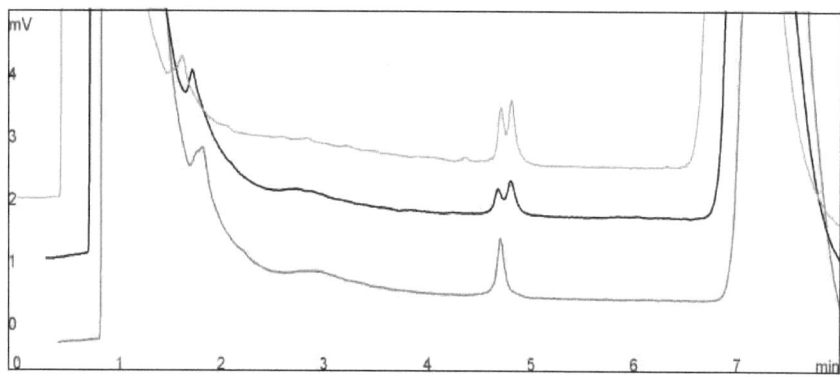

Figure 21 : Chromatogramme de la mutation E1104X au niveau de l'exon 17b.

――― Patient (E1104X/Nl)
――― Témoin (E1104X/Nl)
――― Témoin(Nl/Nl)

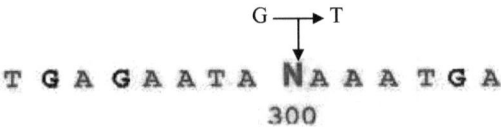

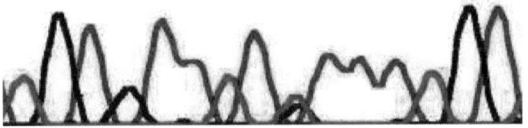

Figure 22 : Profil de séquençage de la mutation E1104X à l'état hétérozygote (brin direct).

I-6- Etude de l'exon 20

L'étude de cet exon nous a permis de déceler deux profils hétérozygotes différents du témoin normal et surtout différent l'un de l'autre, et pour pouvoir déterminer la nature de la mutation présente, l'ADN amplifié a été reporté au séquençage direct.

Le premier profil révèle une substitution d'une guanine par une adénine à la position 3978. Cette variation porte le nom de W1282X qui est une mutation fréquente en Tunisie et représente la fréquence de 6,66% (Messaoud T. et al. 2005).

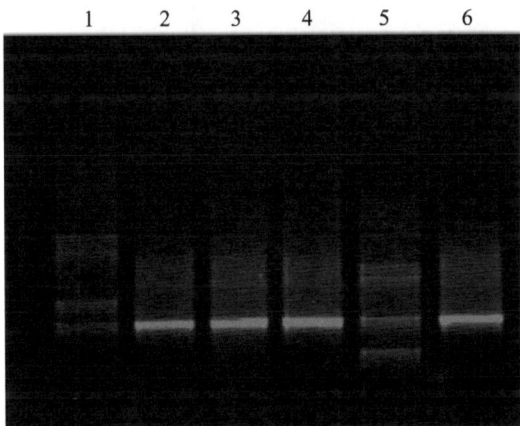

Figure 23 : Profil de la mutation W1282X par DGGE.

1 : Patient (W1282X/Nl)
2 : Témoin normal
3, 4, 6 : Patients
5 : Témoin (P1290P/Nl)

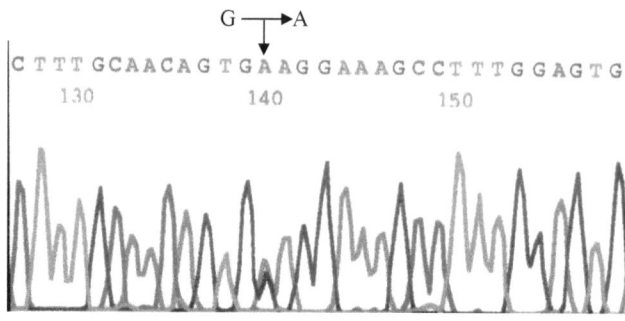

Figure 24 : Profil de séquençage de la mutation (W1282X/NI) (brin direct).

Le deuxième profil montre une substitution d'une guanine en adénine à la position 3940. Cette variation n'est autre que la mutation D1270N.

Cette mutation est rare dans la population tunisienne et représente le pourcentage 0,37% (Messaoud T. et al. 2005).

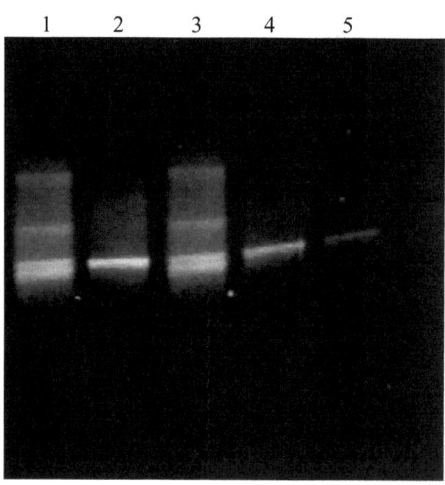

Figure 25 : Profil de la mutation D1270N par DGGE.

1 : Témoin (D1270N/NI)
2,5 : Patients
3 : Patient (D1270N/NI)
4 : Témoin normal

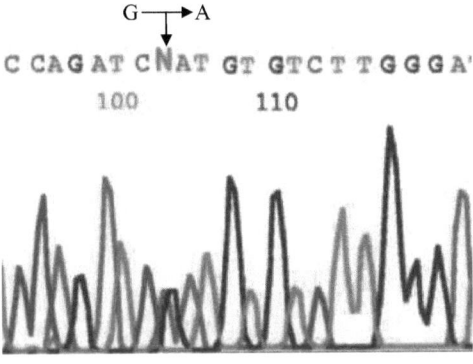

Figure 26 : Profil de séquençage de la mutation D1270N à l'état hétérozygote (brin direct)

II- Etude des polymorphismes V201M, M470V et (TG)mIVS8-T

II-1- Exploration de l'exon 6a à la recherche du polymorphisme V201M

Lors de notre étude, on a pu identifier à l'aide de la DHPLC à la température 60°, la présence du polymorphisme V201M situé au niveau de l'exon 6a, trois profils : deux à l'état hétérozygote différent du profil du témoin normal et un à l'état homozygote déterminé par création des hétéroduplexes après avoir mélangé l'échantillon étudié et le témoin normal et le réinjecter au niveau de la DHPLC.

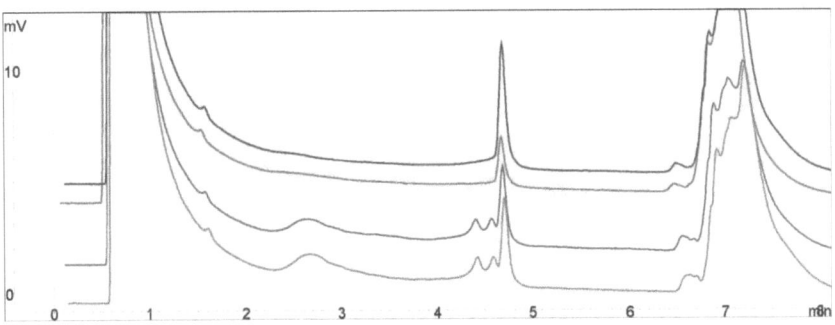

Figure 27 : Profil du chromatogramme DHPLC à la température 60°C du polymorphisme V201M au niveau de l'exon 6a

——— Patient1 (Nl/Nl)
= = = Patient 2 (V201M/Nl)
— — — T Nl/Nl
■■■■ T V201M/Nl

II-2- Exploration de l'exon 10 à la recherche du polymorphisme M470V

L'exploration de l'exon 10 par DGGE a permis d'identifier des profils différents de celui du témoin hétérozygote (F508del). A l'aide du séquençage direct on a pu déterminer que ces différents profils correspondent au polymorphisme M470V qui a été trouvé chez la majorité de nos patients. Ce polymorphisme existe chez 9 de nos sujets agénésiques à l'état hétérozygote alors que 4 le présentent à l'état homozygote.

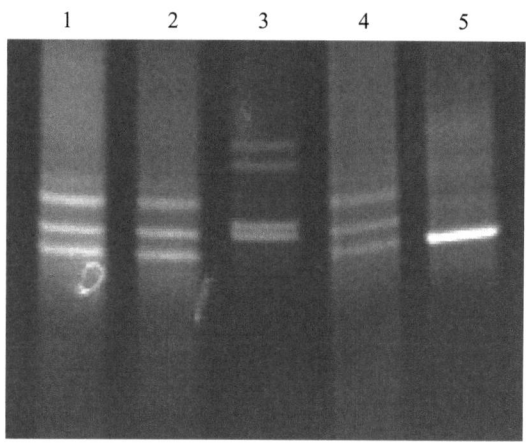

Figure 28 : Profil du polymorphisme M470V par DGGE.

1, 2, 4: malades M470V/-
3: T (F508del/Nl)
5: M470V/M470V

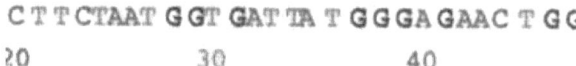

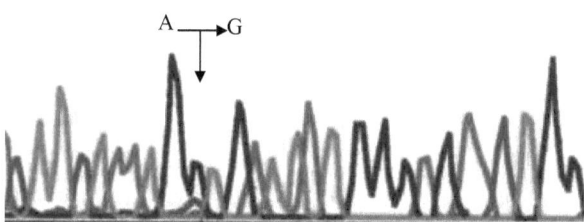

Figure 29 : Profil de séquençage du polymorphisme M470Và l'état homozygote (brin direct).

II-3- Exploration de la région intron 8/exon 9 à la recherche du polymorphisme $(TG)_m$ IVS8-T

Le balayage de la jonction intron 8/ exon 9 par séquençage direct de l'ADN nous a révélé :
- 3 individus homozygotes $(TG)_{11}$ 7T/$(TG)_{11}$ 7T
- 2 individus hétérozygotes $(TG)_{10}$ 9T/$(TG)_{11}$ 7T
- 2 individus hétérozygotes $(TG)_{10}$ 7T/$(TG)_{11}$ 7T
- 2 individus homozygotes $(TG)_{12}$ 5T/$(TG)_{12}$ 5T
- 1 individu hétérozygote $(TG)_{10}$ 7T/$(TG)_{11}$ 9T
- 1 individu hétérozygote $(TG)_{10}$ 7T/$(TG)_{10}$ 9T
- 1 individu hétérozygote $(TG)_{11}$ 7T/$(TG)_{11}$ 9T
- 1 individu hétérozygote $(TG)_{10}$ 7T/$(TG)_{11}$ 5T
- 1 individu hétérozygote $(TG)_{10}$ 7T/$(TG)_{12}$ 5T

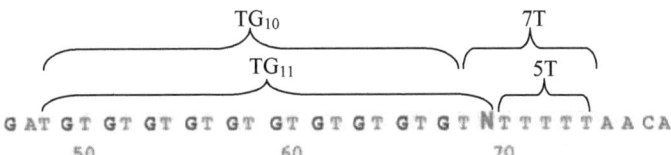

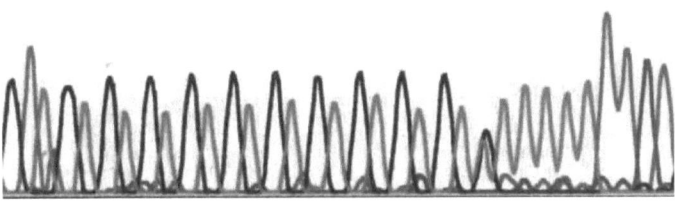

Figure 30 : Profil de séquençage d'un individu hétérozygote (TG_{10} 7T/TG_{11} 5T) au niveau de la jonction intron 8/exon9 (brin direct).

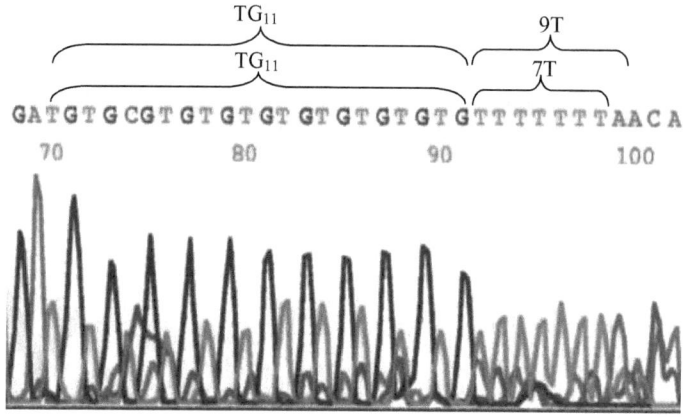

Figure 31 : Profil de séquençage d'un individu hétérozygote (TG$_{11}$ 9T/TG$_{11}$ 7T) au niveau de la jonction intron 8/exon9 (brin direct).

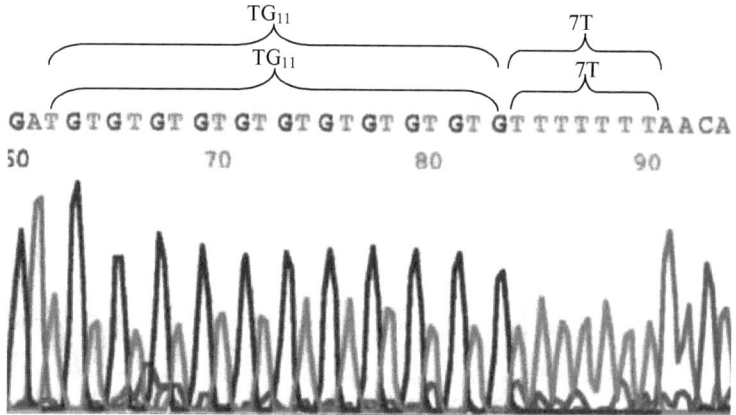

Figure 32 : Profil de séquençage d'un individu homozygote (TG$_{11}$ 7T/TG$_{11}$ 7T) au niveau de la jonction intron 8/exon9 (brin direct).

Chez les 20 patients agénésiques de notre série, on a pu identifier 6 mutations mucoviscidosiques chez 7 sujets : F508del, G542X, W1282X, D1270N, E1104X et 711+1G→T.
(Tableau VII)

Toutes ces mutations ont été retrouvées à l'état hétérozygote. La mutation F508del localisée au niveau de l'exon 10 et caractérisée par une délétion de 3 pb est la mutation la plus fréquente chez les mucoviscidosiques classiques caractérisés par une atteinte pulmonaire et représente 50,74% dans la population tunisienne (Messaoud T. et al. 2005). Elle a été identifiée sur 2 des 40 chromosomes étudiés, suivies par les 3 mutations G542X, W1282X et 711+1G→T localisées respectivement dans les exons 11, 20 et l'intron 5, alors que la mutation D1270N due à un changement de l'acide aspartique en asparagine à la position 1270 de la séquence protéique et malgré sa rareté dans la population tunisienne (0,37%) a été retrouvée chez un sujet agénésique.

La mutation E1104X est due à un changement d'une guanine par une thymine à la position 3442 de la séquence nucléotidique ce qui engendre la transformation de la glutamine en un codon stop. Cette mutation à été identifiée pour la première fois par Zielenski (Zielenski et al. 1995) et depuis, elle a été classée parmi les mutations les moins fréquentes voir absente dans la population caucasienne, alors qu'elle est abondante dans la population Tunisienne. La E1104X a été retrouvée chez un sujet agénésique, âgé de 33 ans et d'origine algérienne qui s'est présenté à notre laboratoire pour suspicion d'une anomalie du gène *cftr*.

Tableau VII : Les mutations identifiées dans notre série.

Mutations	Nombre de chromosomes
F508 del	2
G542X	1
W1282X	1
D1270N	1
711+1G →T	1
E1104X	1
Nombre total de chromosomes étudiés	40

Une étude algérienne effectuée en 2005 à la recherche des mutations du gène *cftr* chez les sujets portant une (ABCD) a permis d'identifier ces mêmes mutations à l'exception de 2 qui sont la mutation E1104X et 711+1G→T.

Plusieurs autres mutations telles que R117H localisée au niveau de l'exon 4, N1303K au niveau de l'exon 21 et G85E au niveau de l'exon 3 sont réputées responsables de la mucoviscidose et spécifiques des populations méditerranéennes n'ont pas été identifiées dans notre série.

Selon une étude de Desideri Valliant C. sur 291 patients agénésiques français, 21 portaient R117H soit à l'état homozygote ou hétérozygote et 3 portaient la mutation N1303K à l'état hétérozygote. (Desideri Valliant C. et al 2004)

D'une façon presque constante, les études réalisées et publiées ces dernières années retrouvent au moins une mutation du gène *cftr* chez les patients présentant une ABCD dans 56 à 86% des cas (Casals T. et al.2000) et (Desiredi-Vaillant C. et al. 2004) ce qui confirme l'implication du gène *cftr* dans la stérilité par agénésie bilatérale des canaux déférents et la classer comme étant une forme de mucoviscidose à expression uniquement génitale.

De plus il faut remarquer que les sujets ayant une mucoviscidose classique possèdent des mutations dites sévères dans chaque allèle du gène *cftr* alors que les mutations retrouvées chez les ABCD sont peu sévères ou modérés « mild » sur au moins l'un des 2 allèles. Dans certains cas d'ABCD des mutations sévères peuvent être détectées mais ces mutations se trouvent obligatoirement associées soit à une deuxième mutation modérée soit à un polymorphisme modifiant l'effet de la première. C'est l'exemple de nos 2 patients possédant la mutation sévère F508del qui a été associée au polymorphisme M470V.

Ces sujets sont appelés alors hétérozygotes composites (sévère/modérée ou modérée/modérée). En comparaison avec des études récentes, il paraît clairement que les sujets agénésiques identifiés hétérozygotes composites présentent une mucoviscidose peu sévère caractérisée par une agénésie bilatérale des canaux déférents sans aucun autre signe clinique révélateur ce qui a été confirmé par le fait que l'agénésie bilatérale des canaux déférents (ABCD) est considérée comme une mucoviscidose asymptomatique.

Il est à signaler aussi qu'il existe chez les ABCD, 3 types de variant polypyrimidique au niveau de la jonction intron 8/exon 9 qui sont 7T/ 9T et 5T. Ce dernier variant a été identifié chez 4 de nos patients dont 2 sont à l'état homozygote.

Selon une étude faite par Larriba S. sur 18 sujets agénésiques espagnols, le variant 5T a été retrouvé avec une fréquence assez élevée puisqu'il présente 21% chez les agénésiques contre 5% chez la population normale. (Larriba S. et al. 1998).

Ceci a été confirmé par la suite au niveau d'une étude Française en 2004 sur 291 patients portant l'agénésie bilatérale des canaux déférents où le variant 5T était très fréquent et représente 30% chez les ABCD contre 10% chez la population normale. Cette étude a montré également que la plupart des sujets agénésiques qui portent l'allèle 5T présentent en trans une mutation sévère du gène *cftr*. Ceci a été aussi observé dans notre série puisque un sujet porteur de la mutation F508del à l'état hétérozygote est aussi porteur de l'allèle 5T à l'état homozygote. Ces observations confirment l'implication du variant 5T dans cette pathologie puisque cet allèle permet l'expression d'une quantité suffisante de la protéine CFTR pour éviter un phénotype de mucoviscidose typique mais pas réellement suffisante pour éviter les formes frontières comme l'agénésie bilatérale des canaux déférents (Yahia M. et Naimi D. 2005), car le taux de l'ARNm normal dépend du génotype déterminé par la longueur de la séquence en thymine au niveau de l'intron 8 du gène *cftr*. Quand le génotype est homozygote (5T/5T) la proportion de l'ARNm normal diminue de 8 à 12% et sa non fonctionnalité s'élève jusqu'à 92% des ARNm totaux (Radpour R. et al. 2006).

La séquence polymorphe de l'intron 8 implique également la répétition TG adjacente au variant poly T. En effet, une répétition de 11, 12 ou 13 TG semblerait plus fréquente chez les sujets agénésiques (Radpour R. et al., 2008). Le même sujet décrit auparavant porte en plus de la mutation F508del et l'allèle 5T, l'allèle $(TG)_{12}$ sur les deux brins. Deux autres sujets portent chacun sur l'un des deux brins l'allèle 5T associé à l'allèle $(TG)_{11}$.

Un autre polymorphisme au niveau de l'exon 10 a été identifié chez la plupart des sujets de notre série, ce polymorphisme est dû à un changement d'une adénosine en une guanine à la position 1540 de la séquence nucléotidique ce qui engendre une variation de séquence. C'est le M470V qui semble être impliqué dans l'agénésie bilatérale des canaux déférents

Plusieurs études ont suggéré une grande liaison entre la présence de l'allèle 5T et le polymorphisme M470V chez les ABCD et non pas dans la population normale.

Une étude taïwanaise en 2005 ainsi qu'une étude Iranienne en 2006 ont poussé leur recherche sur la pénétrance du polymorphisme M470V et ont démontré que ce dernier, en association avec le variant 5T, aggravait la pénétrance de cet allèle (Chih Wu C. et al. 2005) (Radpour R. et al. 2006).

Nos résultats concordent avec cette notion puisque les 4 individus porteurs de l'allèle 5T sont également porteurs du polymorphisme M470V à l'état homozygote ou hétérozygote. (**Tableau VIII**)

Tableau VIII : Les différents génotypes identifiés du polymorphisme M470V

Génotypes	Nombre de chromosomes
470V/470V	8
M470/470V	20
M470/M470	12
Nombre total de chromosomes étudiés	40

Nous avons décelé également, au niveau de l'exon 6a, la présence d'un autre polymorphisme le V201M qui est un changement d'une valine en une méthionine à la position 4002 de la séquence protéique. Ce polymorphisme a été trouvé à l'état homozygote chez un sujet associé au variant 5T et à l'état hétérozygote chez deux sujets, associé chez l'un à la mutation W1282X et chez l'autre à la D1270N. Dans ce contexte, une étude française faite en 2004 a démontré qu'il existe un lien entre l'agénésie bilatérale des canaux déférents et le polymorphisme V201M puisque ce dernier associé à la mutation D1270N donnait un phénotype ABCD alors que sa présence non associé au polymorphisme V201M ne donnait pas ce phénotype (Claustres M. et al. en 2004).

Enfin quatre sujets parmi les 20 de notre série ne portent aucune anomalie au niveau des exons analysés du gène *cftr*, ce qui laisse suggérer que d'autres facteurs génétiques ou environnementaux sont impliqués dans leur agénésie bilatérale des canaux déférents.

Conclusion

Depuis, presque une vingtaine d'années plusieurs études ont suggéré l'implication du gène *cftr* dans l'agénésie bilatérale des canaux déférents (ABCD). De nos jours toutes ces études ont été confirmées par de nouvelles recherches qui montrent que l'agénésie est présente chez 95% des hommes atteints de mucoviscidose. Cette pathogénie est une affection congénitale et héréditaire de transmission récessive, et spécifique des hommes puisqu'elle représente 2 à 6% des causes d'infertilité masculine.

Les sujets agénésiques ne présentent aucun signe évocateur de la mucoviscidose et pourtant sont porteurs de cette maladie dans la plupart du temps.

Au vue de ces données, nous avons orienté notre étude vers la recherche des mutations impliquées dans cette forme de stérilité chez des sujets maghrébins stériles par azoospermie obstructive et présentent une agénésie bilatérale des canaux déférents confirmée par une échographie de l'appareil urogénital.

Dans le présent travail, des techniques performantes de biologie moléculaires (DGGE, DHPLC et séquençage direct) ont été mise à notre disposition pour pouvoir déterminer les différentes mutations ainsi que les polymorphismes (M470V, V201M et $(TG)_m$ IVS8-T) du gène *cftr* impliqués dans l'agénésie bilatérales des canaux déférents.

Suite à l'étude détaillée de nos 20 échantillons on a pu remarquer la présence de 6 mutations sévères chez 7 sujets au niveau des différents exons du gène *cftr* mais toutes ces mutations étaient en association avec l'un ou plusieurs des polymorphismes étudiés ce qui a diminué la gravité de la maladie et retardé son apparition.

Il est très important de connaitre ces mutations et de comprendre les bases génétiques de cette forme de stérilité masculine pour pouvoir imposer un conseil génétique jugé nécessaire pour les couples qui veulent avoir recours à une procréation médicalement assisté par injection intracytoplasmique des spermatozoïdes. Cette technique qui a révolutionné le traitement de ces stérilités a été d'un grand apport pour le traitement de cette affection longtemps considérée comme incurable.

Les patients soufrant d'une agénésie bilatérale des canaux déférents associée à une mutation du gène *cftr* ont un risque de transmettre la mucoviscidose. Dans ce cas, la recherche d'une mutation mucoviscidosique chez la conjointe devient aussi obligatoire, et ceci pour éviter tout risque résiduel de mucoviscidose chez la descendance.

Les différentes études qui s'intéressaient à la pathologie du gène *cftr* ont montré que la combinaison de plusieurs mutations du gène peut conduire à une extrême variation du phénotype observé ce qui laisse supposer la présence de plusieurs hypothèses pour expliquer la corrélation phénotype/génotype puisque chez certains de nos patients agénésiques aucune anomalie n'a été détectée dans certaines régions du gène *cftr* et parmi ces hypothèses :

- La présence des mutations dans des régions du gène difficiles à explorer (introns, régions promotrices et régions régulatrices).
- L'intervention de plusieurs autres gènes interagissant ou non avec le gène *cftr*.
- La présence de plusieurs réarrangements géniques (grandes délétions et insertions) au niveau du gène *cftr* qui échappent à différentes techniques de biologie moléculaire.

Ces différentes hypothèses ouvrent un très grand champ de recherche pour finir de comprendre l'origine et les mécanismes qui conduisent à l'apparition des agénésies bilatérales des canaux déférents responsables de formes de stérilité masculine.

Annexes

Annexe 1 :

Solution de lyse des globules rouges 10X	- Carbonate d'ammonium (NH_4HCO_3) - Chlorure d'ammonium (NH_4Cl) - Eau distillée	0,72 g 7g qsp 1L
Solution de NaCl saturé $9^0/_{00}$	- NaCl - Eau distillée → Ajouter 10 g de NaCl	200 g qsp 500 ml
Solution de lyse des globules blancs	- TE 10/0.1 - SDS 10% - EDTA 0.5M, pH=8 - Protéinase K (10mg/ml)	4.5 ml 0.25 ml 0.25 ml 50µl
TE 10/0.1	- Tris HCl 2M pH=7.5 - EDTA 0.5M, pH=8 - Eau distillée	2.5 ml 0.1 ml qsp 500 ml
SDS 10%	- SDS - Eau distillée	10 g 100 ml
EDTA 0.5M pH=8	- EDTA - Eau distillée → Ajouter NaOH qsp pH=8 - Eau distillée	19.93 g 75 ml qsp 100 ml
TE 10/1	- Tris HCl 2M pH=7.5 - EDTA 0.25M, pH=8 - Eau distillée	1.25 ml 1 ml qsp 250 ml
Ethanol 70%	- Ethanol absolu - Eau distillée	70 ml 30 ml

Annexe 2 :

Solution TAE 50X	- Tris - Acétate de sodium (3Na OC, 3H$_2$O) - EDTA (Na$_2$EDTA) - Eau distillée → Ajuster jusqu'à pH=7.4 avec l'acide acétique concentré (>à 300ml d'acide acétique pour 3000ml)	726 g 408 g 55.8 g qsp 3000 ml
Solution stock à 0% de dénaturant	- Acrylamide 40% (37.5 : 1) - TAE 50X - Eau distillée	81.25 ml 10 ml qsp 500 ml
Solution stock à 80% de dénaturant	- Acrylamide 40% (37.5 : 1) - Formamide désionisé - Urée - TAE 50X - Eau distillée	81.25 ml 160 ml 170 ml 10 ml qsp 500 ml
Solution stock d'acrylamide	- Acrylamide - Bis - Eau distillée	20 g 0.53 g qsp 50 ml
Tampon de charge pour DGGE	- Glycérol - TAE 50X - BBP - Eau distillée	5 ml 0.2 ml 20 mg qsp 10ml

Annexe 3 :

- Tampon A : 0.1 M TriEthyl Ammonium Acétate (TEAA).
- Tampon B : 0.1 M TEAA 25% Acétonitrile.
- Tampon D : 75% Acétonitrile.

Références

B

- Barasch J., Kiss B., Prince A., Saiman L., Gruenert D., Al-Awqati Q.: **Defective acidification of intracellular organelles in cystic fibrosis.** Nature, 1991, 352: 70-73.

- Bear C. E., Li C.H., Kartner N., Bridges R.J., Jensen T.J., Ramjeesingh M., Riordan J.R.: **Purification and functional reconstitution of the cystic fibrosis transmembrane conductance regulator (CFTR)**, Cell, 1992, 68 : 809-818.

- Bradbury N.A., Jilling T., Berta G., Sorscher E.J., Bridges R.J., Kirk K.L.: **Regulation of plasma membrane recycling by CFTR**, Science, 1992, 256 : 530-531.

C

- Casals T., Bassas L., Egozcue S., Ramos MD., Gimenez J., Segura A., Garcia F., Carrera M., Larriba S., Sarquella J., Estivill X.: **Heterogeneity for mutations in the CFTR gene and clinical correlations in patients with congenital absence of vas deferens.** Human Reproduction, 2000,15(7) : 1476-1483.

- Chih Wu C., Alper Ö. M., Feng Lu J., Ping Wang S., Guo L., Sun Chiang H. and Jun L. Wong C.: **Mutation spectrum of the CFTR gene in Taiwanese patients with congenital bilateral absence of the vas deferens :** Human reproduction, 2005, 20(9) : 2470-2475.

- Claustres M., Altieri J.P., Guittard C., Templin C., Chevalier Prost F., Des Georges M.: **Are p.1148T, p.R74W and p.D1270N cystic fibrosis causing mutation?** BMC Medical Genetics, 2004, 5:19.

D

- De Blic J., Le Bourgeois M., Hubert D.: **Mucoviscidose :** 2001 Editions Scientifiques et médicales Elsevier SAS, pneumologie, 2001, 6(40) : L-25.

- Desideri-Vaillant C., Creff J., Le Marchal C., Maolic V., Férec C.: **Implication du gène cftr dans la stérilité masculine associée à une absence de canaux déférents : Spectrum of CFTR mutations in congenital absence of the vas deferns :** Immuno- analyse et biologie spécialisée, 2004,19 :343-350.

- Des Georges M., Guittard C., Bozon D., Chevalier F., Verlingue C., Ferec C., Girodon E., Cazeneuve C., Bienvenu T., Lalau G., Dumur V., Feldmann D., Bieth É., Blayau M., Clavel C.H., Creveaux I., Malinge M.C., Monnier N., Malzac P., Mittre H., Bonnefont J.P., Iron A., Chomel J.C., Chery M., Claustres M.: **Les bases moléculaires de la mucoviscidose en France : plus de 300 mutations et 506 génotypes différents sont en cause :** médecine / sciences, 1998, 14 : 1413-21.

F

- Fontaine E., Jardin A. : **Anomalies des organes génitaux internes masculins et retentissement sur la fertilité**. Progrès en Urologie, 2001,19 :343-350.

- Fontaine E., Jardin A. : **Anomalies des organes génitaux internes masculins et retentissements sur la fertilité** : Progrès en Urologie, 2001, 11 : 729-732.

G

- Garcia G., Chevalier D., Donzeau M., Iznard V., Chevallier T., Fenichel P., Amiel J.: **Stérilité du couple à définition masculine par azoospermie et fécondation in vitro assistée par micro-injection (FIV-ICSI) : réflexion à partir d'une étude prospective portant sur nos 42 premiers patients** : Progrès en urologie, 2002, 12 : 429-436.

- Girodon E., Costes B., Caseneuve C., Fanen P., Goossens M. : **Génétique de la mucoviscidose** : Médecine thérapeutique, 1997, 3(6) : 431-41

- Goudelus S., Lenoir G., Berche P., Ricour C., Lacaille F., Bonnefont J.P., Robert J.J., Ferroni A., Feldman A.: **Mucoviscidose : Physiopathologie, génétique, aspects cliniques et thérapeutiques,** Editions Scientifiques et médicales Elsevier SAS, pédiatrie,2002, 4(60) : 10.

H

- Hamamah S., Hazout A. et Cohen-Bacrie P. **Explorations et traitements de l'homme infertile : du nouveau ?** Infertilité masculine, 2007.

- Huyghe E., Izard V., Rigot J.M., Pariente,J.L., Tostain J. : **Evaluation de l'homme infertile :** Recommandations AFU 2007 : Base Urofrance Prog. Urol. 2008, 18(2) : 95 -101.

- Hwang T.C., Nagel G., Nairn A.C., Gasby D.C.: **Regulation of the gating of cystic fibrosis transmembrane conductance regulator Cl channels by phosphorylation and ATP hydrolysis,** Proc Natl Acad Sci USA, 1994, 91: 4698-4702.

I

- Ismailov I.I., Awayda M.S., Javov B., Bediev B.K., Fuller C.M., Dedman J.R., Kaetzel M.A., Benos D.J.: **Regulation of epithelium sodium channels by the cystic fibrosis transmembrane conductance regulator,** J Biol Chem, 1996, 271 : 4725-4732.

L

- Lamorila J., Amezianeb N., Deybacha J.C., Bouizegarènea P., Bogardc M.: **Les techniques de séquençage de l'ADN : une révolution en marche. Première partie. DNA sequencing technologies: A revolution in motion. Part one :** Immuno-analyse et biologie spécialisée, 2008, 23, 260- 279.

- Larriba S., Bassas L., Giminez J., Ramos M.D., Segura A., Nunes V., Estivill X. and Casals T.: **Testicular CFTR splice variants in patients with congenital absence of the vas deferens :** Human molecular genetics, 1998, 11(7) :1739-1744.

- Le Maréchal C., Audrézet M.P., Férec C.: **Mutation of CFTR gene by DHPLC:** The European Working Group on CFTR Expression: 30-09-2003.

- Li J.D., Dohrman A.F., Gallup M., Miyata S., Gum J.R., Kim Y.S., Nadel J.A., Prince A., Basbaum C.B.: **Transcriptional upregulation of mucin synthesis by P. aeruginosa in the pathogenesis of cystic fibrosis lung disease,** Pediatric Pulmonology, 1997, 94(3): 967-972.

M

- Mantovani V., Garagnani P., Selva P., Rossi C., Ferrari S., Cenci M., Calza N., Cerrata V., Luiselli D. and Romeo G.: **Simple method for Haplotyping the Poly (TG) Repeat in Individuals Carrying the IVS8 5T Allele in the CFTR Gene :** Clinical Chemistry, 2007, 53 (3).

- Merten M.D., Figarella C.: **Constitutive hypersecretion and insensitivity to neurotransmitters by cystic fibrosis tracheal gland cells,** Am J Physiol, 1993, 264: L93-L99.

- Messaoud T., Verlingue C., Denamur E., Pascaud O., Quere I., Fattoum S., Elion J., Ferec C.: **Distribution of CFTR mutation in Cystic Fibrosis patients of Tunisian region : Idetification of two novel mutations:** Human Genetic,1996,4 :20-24

- Messaoud T., Hadj Fredj S., Bibi A., Elion J., Ferec C., Fattoum S.: **Epidémiologie moléculaire de la mucoviscidose en Tunisie** : Annales de Biologie clinique, 2005, 63(6) : 627-630.

- Middendorf R.L., Bruce R.C., Eckless R.D., Grone D.L., Roemer S.C., Sloniker G.D., Steffens D.L., Sutter S.L., Brumbaugh J.A., Patony G.. **Continous, on line DNA sequencing using a versatile infrared laser scanner / electrophoresis apparatus:** Electrophoresis, 1992, 13: 487-494.

P

- Picciotto M.R., Cohn J.A., Bertuzzi G., Greengard P., Nairn A.C.: **Phosphorylation of the cystic fibrosis transmembrane conductance regulator:** J Biol Chem, 1992, 267: 12742-12752.

- Pier G.B.: **Role of CFTR in iniation of Pseudomonas aeruginosa infection:** Pediatric Pulmonology, 1996, 13: 146.

Q

- Quinton P.: **Cystic fibrosis: a disease in electrolyte transport:** FASEB Journal, 1990, 4: 2709-2717.

R

- Radpour R., Salahshourifar I., Gourabi H., Sadighi Gilani M.A., Vosough Dizaj A.: **CFTR Mutations in Congenital Absence of Vas Deferens :** Iranian Journal of Fertility and Sterility, 2007, 1(1): 1-10.

- Radpour R., Gourabi H., Vosough Dizaj A., Holzgrev W. and Yan Zhong X.: **Genetic Investigations of CFTR. Mutations in Congenital Absence of Vas Deferens, Uterus, and Vagina as a Cause of Infertility :** Journal of Andrology, 2008, 29 (5).

- Radpour R., Sadighi Gilani M.A., Gourabi H., Dizaj A.V. and Mollamohamadi S.: **Molecular analysis of the IVS8-T splice variant 5T and M470V exon 10missense polymorh in Iranian males with congenital bilateral absence of the vas deferens** : Molecular Human Reproduction, 2006, 12(7): 469-473.

- Rich D.P., Berger H.A., Cheng S.H., Travis S.M., Saxena M., Smith A.E. and Welsh. M.J. : **Regulation of the cystic fibrosis transmembrane conductance regulator Cl channel by negative charge in the R domain:** Journal of Biology Chemistry, 1993, 268: 20259-20267.

- Rohlfs E.M., Hallam S.E., Booker J.K., Silverman L.M., Heim R.A., Allitto B.A. : **The CFTR polyT 6T allele is associated with CAVD :** Enzyme Genetics, Molecular Diagnostic Laboratory, Westborough, MA, University of North Carolina, Dept of Pathology : 2002.

- Romey M-C: **Caractérisation fonctionnelle de mutants CFTR naturels : intérêt pour la mucoviscidose** : Annales de Biologie Clinique, 2006, 64(5), 429-37.

S

- Schwiebert E.M., Equan M.E., Hwang T.H., Fulmer S.B., .Allen S.S, Cutting G.R., Gugginno W.B.: **CFTR regulates outwardly rectifying chloride channels through an autocrine mechanism involving ATP**, Cell, 1995, 81: 1063-1073.

- Sermet-Goudelus I. et al.2002

- Siffroi J. P.: **Aspect génétique de l'infertilité masculine**, J Gynecol Obstet Biol Reprod, 2005, 34 :1S15-1S19.

- Storni V., Claustres M., Chinet T., Ravilly S.: Arch Pédiatrie **Diagnostics de mucoviscidose** , 2001, 8 (5) : 818-32.

- Stutts M.J., Canessa C.M., Olson J.C., Hamrick M., Cohn J.A., Rossier BC., and Boucher R.C.: **CFTR as a cAMP-dependent regulator of sodium channels:** Science, 1995, 269: 847-850.

T

- Trezise A. E. O., C. C. Linder, Grieger D., Thompson E., Meunier H., Criswold M. D. and Buchwald M.: **CFTR expression is regulated during both the cycle of the seminiferous epithelium and the oestrous cycle of rodents**: Nature Gene, 1993, 3: 157-164.

V

- Verlingue C., Travert G., Le Roux M.G., Laroche D., Audrézert M.P., Mercier B., Moisan J.P., Férec C.: **Les mutations du gène de la mucoviscidose dans l'ouest de la France : application clinique** : Ann Biol. Clin, 1994, 52 : 757-764.

- Viel M., Le Roy C.H., Des Georges M., Claustres M. and Bienvenu T.H.: **Novel lengh variant of the polyperymidine tract within the splice acceptor site in intron 8 of the CFTR gene : Consequences for genetic testing using standard**: European Journal of human, 2004, 13: 136-138.

W

- Wisarda M., Sennb A., Thonneyc F., Schorderetc D.F., Germondb M., Wochenschr S.M.: **Fécondation assistée chez les hommes azoospermiques: résultats du CHUV de 1994 à 1997,** 1999, 129: 425–32.

Y

- Yahia M., Naimi D.: **Recherche des mutations du gène *cftr* chez les patients affectés par l'Atrésie Bilatérale des canaux différents (ABCD) dans l'Est et Sud Algérien** : Sciences & Technologie C, 2005, 23 : 97-101.

Z

- Zielenski J.: **Genotype and Phenotype in Cystic Fibrosis**: Respiration, 2000, 67: 117–133.

Oui, je veux morebooks!

i want morebooks!

Buy your books fast and straightforward online - at one of the world's fastest growing online book stores! Environmentally sound due to Print-on-Demand technologies.

Buy your books online at

www.get-morebooks.com

Achetez vos livres en ligne, vite et bien, sur l'une des librairies en ligne les plus performantes au monde!
En protégeant nos ressources et notre environnement grâce à l'impression à la demande.

La librairie en ligne pour acheter plus vite

www.morebooks.fr

OmniScriptum Marketing DEU GmbH
Heinrich-Böcking-Str. 6-8
D - 66121 Saarbrücken
Telefax: +49 681 93 81 567-9

info@omniscriptum.de
www.omniscriptum.de

Printed by Books on Demand GmbH, Norderstedt / Germany